U0349156

羊肉储藏品质的
光学快速无损检测机理及方法

——以新疆羊肉为例

朱荣光 著

中国农业科学技术出版社

图书在版编目（CIP）数据

羊肉储藏品质的光学快速无损检测机理及方法：以新疆羊肉为例 /
朱荣光著 . —北京：中国农业科学技术出版社，2018.5
　ISBN 978-7-5116-3623-2

　Ⅰ.①羊…　Ⅱ.①朱…　Ⅲ.①羊肉-食品贮藏-食品安全-光电检测
Ⅳ.①TS201.6②TS251.5

中国版本图书馆 CIP 数据核字（2018）第 081261 号

责任编辑　　贺可香
责任校对　　李向荣

出　版　者　　中国农业科学技术出版社
　　　　　　　　北京市中关村南大街 12 号　邮编：100081
电　　　话　　（010）82109194（编辑室）　　（010）82109702（发行部）
　　　　　　　　（010）82109709（读者服务部）
传　　　真　　（010）82106625
网　　　址　　http://www.castp.cn
经　销　者　　全国各地新华书店
印　刷　者　　北京建宏印刷有限公司
开　　　本　　880mm×1 230mm　1/32
印　　　张　　5.375
字　　　数　　150 千字
版　　　次　　2018 年 5 月第 1 版　2018 年 5 月第 1 次印刷
定　　　价　　29.80 元

前　言

　　羊肉因其营养丰富、高蛋白、低脂肪、低胆固醇逐渐成为保健佳品。我国是羊肉生产与消费第一大国，产量、消费量均超过世界的1/3。新疆地处我国西北地区，牧草场自然环境优越，其产出的羊肉色泽鲜红、纹理细致、富有弹性、大理石花纹适中。与国内羊肉平均水平相比，其营养价值较高。新疆羊肉越来越受全国消费者的青睐，已经形成了羊肉串、烤全羊等具有新疆地域风味的羊肉产业体系。但羊肉在储藏、运输和流通过程中的品质会逐步降低，而传统检测方法主要包括感官评价、微生物检测和理化实验分析，存在主观性较强、实验操作繁琐、耗时耗力，无法满足羊肉大批量生产、品质化分级快速无损检测。因此，本书对实现羊肉储藏品质的光学快速无损检测具有重要意义。

　　针对我国目前的羊肉品质快速无损检测需求，本书以新疆羊肉为对象，系统地阐述了羊肉品质的近红外和高光谱图像等光学快速无损检测技术的国内外研究现状、羊肉品质光学检测模型的建立方法、羊肉 pH 值的光学定量分析检测、羊肉挥发性盐基氮（TVB-N）的高光谱图像定量分析检测、羊肉细菌总数（TVC）的高光谱图像定量分析检测、羊肉颜色参数的光学定量分析检测和羊肉新鲜度的高光谱图像定性分析检测，揭示并建立了 pH 值、TVC、TVB-N、颜色和新鲜度等羊肉储藏品质指标的光学快速无损检测机理及方法。全书理论扎实，内容翔实新颖，融知识性和实用性于一体，不仅可供关注羊肉品质的用户、企业和质检部门使用，还可以作为相关农业院校师生以及相关检测研究人员的参考书籍。

　　本书得到国家自然科学基金项目"新疆冷却羊肉储藏品质的动力学及不同光学速测技术融合研究（31460418）"、石河子大学青年创新人才培育计划项目"基于多源光学信息的羊肉新鲜度快速检测机理及系统开发研究（CXRC201707）"和石河子大学"一省一校工程"的资助。本书由朱荣光撰写，参加本书修订工作的有阎聪（第一章至第三章），孟令峰（第四章至第六章），另外，在本书编写过程中得到了李景彬、范中建、邱园园、段宏伟、许卫东和黄昆鹏等给予的支持和帮助，在此一并致谢。

由于光学快速无损检测技术所涉及的内容较为广泛，发展较快，加之编者的经验和水平有限，书中难免会存在一些不足之处，敬请专家及读者批评指正。

目　　录

第一章 绪 论

第一节 研究背景与意义

羊肉因其营养丰富、高蛋白、低脂肪、低胆固醇逐渐成为保健佳品。我国是羊肉生产与消费第一大国,产量、消费量均超过世界的1/3。新疆维吾尔自治区(以下简称新疆)地处我国西北地区,牧草场自然环境优越,其产出的羊肉色泽鲜红、纹理细致、富有弹性、大理石花纹适中。与国内羊肉平均水平相比,其营养价值较高。新疆羊肉越来越受全国消费者的青睐,已经形成了羊肉串、烤全羊等具有新疆地域风味的羊肉产业体系。自1996年以来新疆羊肉产量一直保持在新疆肉类总产量40%左右。根据2001—2016年中国统计年鉴畜产品产量统计结果的分析表明:2016年新疆羊肉年产量达到58.32万t,年增长速度为5.2%,而2016年全国羊肉年产量达441万t,年增长速度为5.48%(图1-1、图1-2)。由此可见,仅2016年新疆羊肉的年增长速度就已高于全国平均增长速度2.28%,消费者对新疆羊肉的需求正在逐渐增加。

另一项研究数据表明,新疆作为我国五大牧区之一,牧区总产值位列全国第16,而养羊业作为牧区的主导产业,却未能提供其应有的主导作用。其中一个主导因素在于加工、检测、分级等宰后处理手段落后,深加工不足、价格低、出口量较小,国际市场竞争能力明显不足。另外,随着人们生活水平的提高,对食品的安全问题更加关注。然而目前羊肉检测过程中,质监局等部门主要针对现宰杀的羊进行病理检查,而对羊肉在运输过程中、市场流通过程中的肉品品质检测存在很多漏洞，这些因素极大地限制了新疆羊肉市场的发展。

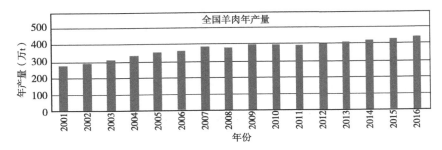

图 1-1　近 16 年全国羊肉年产量情况

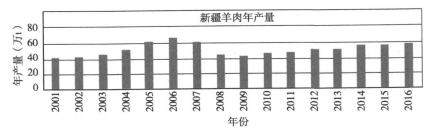

图 1-2　近 16 年新疆羊肉产量情况

　　羊肉在储藏过程中品质会发生变化，为保证流入市场的羊肉品质安全，就需要对其进行检测。评价储藏过程中羊肉品质的主要指标有 pH 值、细菌总数（TVC）、挥发性盐基氮（TVB-N）、颜色和新鲜度等。其中羊肉 pH 值的变化即酸碱度失衡将影响肉的口感，从而影响消费者对其品质的认可度。细菌总数能否准确测定直接关系到羊肉食用的安全性，有些微生物会产生毒素致使人中毒，严重影响人身健康。挥发性盐基氮是动物性食品在腐败变质的过程中，由于酶和细菌的作用，将蛋白质分解而产生的氨以及胺类等碱性含氮物质、肉制品中所含有的挥发性盐基氮含量，随着腐败程度的进行而不断增加，与腐败程度之间有着显著的相关关系。颜色是肉新鲜与否的直观外在表现，直接影响着消费者的购买意愿。新鲜度是指肉品的新鲜程度，一般分为新鲜、次鲜和腐败，是衡量肉品是否符合食用要求的定性标准。当前，对上述储藏品质检测的传统手段主要包括：感官评定，容易操作但结果因人而异；理化测定法和微生物检测法等手段，结果准确但操作繁琐，费时费力，不能满足大批量、大规模的快速检测任务，从而限制了新疆羊肉走高端化、品牌化的产业道路。

　　由此可见，新疆羊肉市场要走高端化、品牌化的产业道路，就必须对羊肉储藏品质安全进行快速检测，以确保新疆羊肉的市场竞争力。而近红外光谱和高光谱图像技术作为新兴的光学无损检测技术，具有快速、无损和绿色等特点，可以对羊肉储藏品质进行快速检测。近红外光谱分析技术（NIRS）是利用不同样品在近红外谱区包含的光学反射或透射特性的不同，来测定样品化学组成及物理特性的一种快速检测技术。高光谱图像技术（HSI）能够同时获取样品的图像和光谱信息，通过样品的特征信息和理化数据之间的相关关系，能够准确、快速、无损地预测样品的品质指标。

　　针对我国现在的羊肉品质的快速无损检测需求，本书以新疆羊肉为对象，系统地阐述了羊肉储藏品质的近红外和高光谱图像等光学快速无损检测技术的国内外研究现状和羊肉品质光学检测模型的建立方法，通过试验寻找羊肉储藏过程中品质的变化规律，然后采集 400~1 000nm 可见短波高光谱图像和 900~2 500nm 长波近红外光谱，通过对上述光学信息进行预处理、ROIs 选取、特征光谱提取、模型比较建立最优光学快速检测模型和可视化分布图及揭示检测机理，完成对羊肉 pH 值、TVC、TVB-N、颜色和新鲜度等储藏品质指标的定量和定性分析。

第二节　肉品品质光学快速无损检测的
国内外研究现状

一、肉品品质近红外光谱检测的国内外研究现状

（一）国外研究现状

2007 年，Viljoen 等采用近红外光谱技术对冷冻干燥羊肉化学和矿物成分进行分析。结果表明化学和矿物的偏最小二乘回归（PLSR）模型预测相关系数和标准差（SEP）分别为：灰度（0.97，0.15%）、干物质（0.96，0.38%）、粗蛋白（1，0.92%）、脂肪（1，0.43%），K、P、Na、Mg 和 Fe 的 SEP 分别为 600mg/kg、900mg/kg、77.89mg/kg、40mg/kg 和 3.15mg/kg。

2007 年，Sheridan 等采用光纤传感器技术结合主成分分析和神经网络以测量色彩模型（CIE L^*、a^* 和 b^*）和分析光谱反射率两种方法对切片火腿褪色进行研究，CIE L^*、a^* 和 b^* 的重复再现非常困难，在粉红色和灰色中 L^* 和 a^* 谱线重叠严重，采用光谱反射率区分褪色火腿比检测 CIE L^*、a^* 和 b^* 效果更好。

2012 年，Kapper 等应用近红外光谱技术对猪肉滴水损失、颜色和 pH 值进行研究，滴水损失率、L^*、B^* 和 pH 值的预测决定系数分别为 0.75、0.51、0.55 和 0.75；相对分析误差（RPD）分别为 1.9、1.4、1.5 和 1.9。

2013 年，Wang 等利用光纤传感器结合小波去噪的人工神经网络方法研究分析了肉类新鲜度的复杂频谱信息，该方法能够实现对物种和肉类新鲜度的较好辨别。

2013 年，De Marchi 利用可见/近红外光谱技术对牛肉胴体 pH 值、颜色、蒸煮损失和剪切力进行在线检测研究，其中 pH 值、颜色和蒸煮损失模型预测效果较好，剪切力较差。

2015 年，Mourot 等采用近红外反射光谱技术对牛肉脂肪酸（FA）的组成进行预测，除不饱和脂肪酸增加个体或团体的脂肪酸含量均可以

增加校正集的可靠性，当没有半腱肌脂肪酸时，胸最长肌 FAS 的预测性能比腹直肌 FAS 好。

2015 年，Teixeira 等采用近红外反射光谱对山羊背最长肌中的蛋白质和水分进行预测，结果表明校准模型对蛋白质（预测标准误差 SEP = 0.43）和水分（SEP = 0.48）具有较好的预测性能。

2015 年，Qiao 等在工业大样本数据的条件下利用可见/近红外光谱结合主成分分析建立 PLSR 模型和支持向量机（SVM）模型对牛肉品质进行预测，结果表明 SVM 对牛肉食用品质的预测能力比 PSLR 好，特别是对年轻的公牛肉嫩度预测的准确率最高。

2016 年，Ghazali 等采用可见近红外和短波的组合结合主成分回归对原料肉的剪切力进行研究，主成分数为 4 时所建主成分回归（PCR）模型校正集（R_c）、均方根误差（RMSEC）分别为 0.46 和 0.06，预测集（R_p）和预测误差均方根（RMSEP）分别为 0.42 和 0.09。

2016 年，Alamprese 等采用傅立叶变换近红外光谱技术对意大利不同相对湿度下猪肉的调理效果进行研究。结果表明猪肉在空调 80% RH 时比 95% RH 的重量损失率高了 1.6 倍。

2016 年，Wang 等基于双波段可见/近红外光谱技术的肉品质量参数检测装置对猪肉颜色、pH 值、挥发性盐基氮、水分、蒸煮损失和弹性进行检测，所建 PLSR 模型各组分预测集的相关系数为 0.90～0.96，预测误差分别为 0.63mg、0.76mg、0.55mg、0.08mg、2.80mg/（100g）、0.38%、2.56% 和 6.90N。

2016 年，Dixit 等采用多点近红外光谱仪结合准直镜在不同检测距离下对碎牛肉脂肪进行测量。在三种不同距离下（1cm、2.5cm 和 4cm）脂肪校正集 R_c 为 0.96～0.99，RMSEC 为 0.03～4.25，预测集 RMSEP 为 0.03～5.67。表明准直镜可以增加近红外光谱技术对牛肉的检测距离。

2017 年，Reis 等采集新鲜鱼片可见近红外光谱后分别冷冻 5d、21d 和 35d 解冻再次扫描，建立偏最小二乘回归模型并进行反复双交叉验证，新鲜鱼片和冷冻/解冻样品判别准确率分别为 92% 和 82%。

（二）国内研究现状

2004年，孟宪江等利用光纤探头采集肉的光谱利用神经网络方法建立肉品新鲜度判别模型，准确率达到93.3%。

2010年，廖宜涛等利用近红外光谱技术对新鲜猪肉肌内脂肪含量在线检测研究。对采集背最长肌肉460～920mm的光谱进行小波降噪处理，利用MSC和一阶微分建立PLSR预处理模型结果良好，预测相关系数为0.93，预测均方根误差RMSEP为0.05。

2012年，刘晓晔利用近红外光谱技术在线测定成熟2d和7d后牛肉外脊的pH值和颜色。使用多元散射校正、标准正态化、去趋势化及多种处理方法来消除高频噪声和基线偏移，建立偏最小二乘回归模型。结果表明，波长为1 000～1 300nm时，2d的模型相关系数较好，均大于0.8。

2013年，周令国等采用FNIR对粉碎均质腊肉中亚硝酸盐进行研究，PLSR模型的校正集和交叉验证集分别为1.00和0.96，校正集（RMSEC）和交叉验证集（RMSECV）分别为0.18和0.88。

2013年，谷芳等利用近红外光谱检测猪肉在室温和冷藏贮藏过程中细菌菌落总数，实现了无损、快速检验猪肉品质。

2014年，徐文杰等采用近红外光谱技术结合PLSR模型对211个草鱼鱼肉的质构参数和持水性进行分析，咀嚼性模型参数相比较于其他参数模型系数略低，持水性、硬度、回复性、弹性、咀嚼性和剪切力的模型相关系数分别为0.92、0.98、0.98、0.99、0.77和0.99。

2014年，杨勇等采用近红外光谱技术结合PLSR模型对鹅肉TVB-N和pH值进行研究分析，两者的校正模型R_c分别为0.73和0.99，内部交互验证均方根误差分别为3.67和0.03，预测集的预测值和实测值相关系数分别为0.97和0.71。

2014年，陈伟华采用近红外光谱技术对罗非鱼片挥发性盐基氮、硬度、弹性、凝聚性、解冻损失、蒸煮损失、水分含量及质构特性进行研究，均取得较好的检测效果。

2016年，邹昊等通过调整算法参数和算法组合成功消除了近红外光谱仪对生鲜羊肉挥发性盐基氮模型稳定性和预测准确率的影响。

2016 年，郑晓春等采用环形光源双通道可见/近红外光谱系统检测牛肉含水率、颜色和 pH 值并取得较好效果。

2016 年，王文秀等采用双波段可见/近红外光谱系统对猪肉颜色、蒸煮损失率进行建模分析，L^*、a^*、b^*、pH 值及蒸煮损失率预测集相关系数分别为 0.95、0.92、0.95、0.93 和 0.90。

2016 年，李志刚等采用近红外光谱技术对牛肉硬度、弹性、咀嚼性和黏附性等进行检测，经小波消噪后采用的二阶微分预处理建立的牛肉硬度、弹性、咀嚼性模型效果较优，能够有效地预测牛肉硬度、咀嚼性，但弹性和黏附性不好。

2016 年，邹昊等采用便携式近红外光谱技术以猪肉血液中的葡萄糖浓度和皮质醇浓度两指标对白肌肉和黑干肉劣质猪肉进行预判研究并取得较好结果，PSE 和 DFD 肉的预判准确率分别达到 92% 和 96%。

2016 年，王辉等基于中波近红外光谱对生鲜牛肉胆固醇建立 PLSR 模型，独立验证集的预测效果较好（$P>0.05$）满足国家标准。

2016 年，黄伟等采用 NIRS 对滇南小耳猪整块或均质肉糜的水分、脂肪和蛋白质含量进行研究。整块肉的水分 PLSR 模型较好 R^2、RMSEC、预测标准差（RMSECP）分别为 0.98、0.40 和 1.64；肉糜的脂肪和蛋白质模型效果较好，R^2 分别为 0.91 和 0.95，RMSEC 分别为 0.41 和 0.27；RMSEP 分别为 1.64 和 1.11。

2017 年，赵文英等采用近红外光谱技术结合偏最小二乘法对 300 份鲜肉（牛肉、羊肉、猪肉各 100 份）单独的不同种类和混合鲜肉糜进行蛋白质测定分析。三者所建模型校验相关系数都在 0.90 以上，肉类样品混合建模集和预测集相关系数分别为 0.95 和 0.93，RMSEC、RMSEP 分别为 0.50 和 0.67。

2017 年，刘功明等利用近红外光谱技术分析鸡、鱼肉加热终点温度机理，鸡肉和鱼肉主成分数分别为 9 和 11 时其 PLSR 模型 RMSECV 最小，预测值的相关系数分别为 1.00 和 0.98，预测均方差分别为 3.02% 和 2.94%，预测误差分别为 0.97 和 1.63。

二、肉品品质高光谱图像检测的国内外研究现状

(一) 国外研究现状

2007 年，Qiao 等利用 430~1 000nm 的 HSI 技术对猪肉的大理石花纹水平进行了定性判别分析，采用主成分分析法（PCA）选取了 460nm、580nm、661nm、720nm、850nm 和 950nm 下的特征图像参数，判别准确率达到了 75%。对猪肉滴水损失、pH 值和颜色参数（L^*）进行了定量预测分析，其预测相关系数分别为 0.77、0.55 和 0.86，预测标准差分别为 2.34、0.21 和 3.89。

2007 年，Cho 等进行了基于高光谱图像技术对肉制品生产加工机械上遗留污染物的检测研究，对多个特征波长建模，最终检测判别率可达 99.7%

2008 年，Naganathan 等通过 900~1 700nm 近红外 HIS 技术开展了牛肉嫩度的分级研究，利用 PCA 降维获取两个主成分，并提取提取图像二阶统计矩纹理特征，采用典型判别分析（CDA）方法建模，分类准确率达到了 77.0%。

2008 年，Cluff 等基于 HSI 光散射技术对牛肉嫩度进行了定量分析研究，采用逐步回归分析筛选出 7 个有效波长点，其预测相关系数仅为 0.67，发现 HSI 光散射技术对于牛肉嫩度的检测效果还有待提高。

2010 年，Liu 等基于高光谱图像技术对猪肉品质的分类进行研究，通过 Gabor 滤波函数对获得的高光谱图像进行处理，使用 PCA 获得特征波长，通过线性判别法（LDA）进行判别分析获得了较高的分类率。

2011 年，Peng 等基于 HSI 光散射技术对牛肉的微生物腐败状况进行了预测，采用光散射参数，分别比较了不同洛伦兹参数 a，b 和 a×b 提取的特征光谱的建模效果，发现参数 a×b 所提取的 9 个波长点 592nm、596nm、602nm、659nm、803nm、825nm、838nm、905nm 和 913nm 建立的 PLSR 模型效果最优，其预测相关系数和标准差分别达到了 0.92 和 0.63。

2012 年，Eimasry 等应用 900~1 700nm 的高光谱系统预测新鲜牛肉的新鲜度，结果表明：建立全波段下的偏最小二乘回归模型中 L^* 和 b^*

的决定系数为 0.88 和 0.81，应用偏最小二乘回归的权重系数选择特征波长建立的偏最小二乘回归模型中 L^* 和 b^* 决定系数为 0.88 和 0.80，均方根误差为 1.22 和 0.59。

2012 年，Wu 等应用 900~1 700nm 近红外高光谱图像检测大马哈鱼颜色分布，采用连续投影算法提取特征波长，建立特征波长下多元线性回归模型。结果表明，颜色参数 L^*、a^* 和 b^* 的相关系数分别为 0.88、0.74 和 0.80。

2011—2013 年，ElMasry 等采用 900~1 700nm 近红外 HSI 技术对不同饲养条件下不同取样部位的牛肉持水性（WHC）进行预测研究，利用回归系数法分别提取与 WHC、水分、脂肪以及与蛋白相关的特征波长点，建立这四组波长点下的偏最小二乘回归（PLSR）模型，预测相关系数分别达到了 0.87、0.89、0.84 和 0.86，预测标准差分别为 0.28%、0.46%、0.65% 和 0.29%。

2011—2013 年，Kamruzzaman 等研究了羊肉不同部位的近红外 HSI （900~1 700nm）判别分析，基于 PCA 提取的 6 个特征波长点建立 LDA 判别模型，其识别率达到了 100%。利用 GLCM 提取图像纹理特征参数并建立 LDA 判别模型，其识别率分别为 94% 和 91%。随后相继开展了羊肉中水分、脂肪、蛋白、pH 值、颜色和滴水损失的近红外 HSI 预测研究，选取了回归系数较大的 6 个特征波长点进行建模分析，其预测决定系数分别达到了 0.88、0.88、0.63、0.65、0.91 和 0.77。

2012—2013 年，Barbin 等相继开展了猪肉中微生物、颜色（L^*）、pH 值、滴水损失、蛋白质、水分和脂肪含量的 HSI （900~1 700nm）预测分析研究，其预测相关系数均达到了 0.85，该项研究是 HSI 技术第一次比较系统应用到猪肉品质的评价分析过程中。

2012—2013 年，Wu 等继续探讨了 HSI 光散射技术对牛肉嫩度、颜色（L^*、a^* 和 b^*）和水分进行预测的可行性，基于洛伦兹函数（LD）分别提取了各自的特征波长点，并建立对应的多元线性回归（MLR）模型，其嫩度的预测相关系数达到了 0.91，且其颜色参数和水分的预测相关系数分别为 0.96、0.96、0.97 和 0.95，表明 HSI 光散射技术能够较好地用于牛肉品质的检测研究。

2013 年，Iqbal 等基于 900~1 700nm 近红外 HSI 技术对熟切片火鸡腿的水分、颜色和 pH 值进行预测，偏最小二乘回归（PLSR）模型的决定系数分别为 0.88、0.81 和 0.74，预测均方根误差分别为 2.51、0.02 和 0.35。

2013 年，Liu 等将腌制猪肉作为主要的研究对象，利用 HSI 技术分别对其腌制过程中的 pH 值、含盐量和水分含量进行了预测，其预测相关系数分别为 0.79、0.93 和 0.91。

2013 年，Huang 等利用 HSI 技术对猪肉中的细菌总数（TVC）含量进行了预测，其预测决定系数和均方根误差分别达到了 0.83 和 0.24。

2013 年，Barbin 等利用高光谱系统评估猪肉微生物含量，采用偏最小二乘回归法建立细菌总数和平板计数的预测模型。结果表明，在 900~1 000nm 的谱区范围内，模型的精度分别达到 0.86 和 0.89。

2013—2014 年，He 等首先比较了不同波段选择下的三文鱼水分含量 HSI 模型效果，发现 400~1 000nm 范围提取的 8 个特征波长点建立的 PLSR 模型效果最优。同时利用 900~1 700nm 近红外 HSI 技术对冷藏期间的三文鱼表面乳酸菌（LAB）含量进行了预测，采用竞争性自适应重加权法（CARS）提取了 8 个特征波长点并建立对应的偏最小二乘支持向量机（LS-SVM）模型，其预测相关系数和均方根误差分别为 0.93 和 0.53。

2016 年，Li 利用高光谱成像（HSI）和基于比色传感器阵列的人造嗅觉系统两种无损检测工具相结合来量化猪肉中的 TVC 含量。对采集的数据进行特征变量的提取后，采用非线性支持向量机回归（SVMR）模式识别方法，并通过交叉验证进行优化。预测均方根误差为 2.99，决定系数为 0.91。

2017 年，Yang 利用高光谱图像来测定熟牛肉的细菌总数。利用 RF 提取了 15 个特征光谱变量后通过相关分析（CA）进一步筛选出六个最佳波长变量，利用不同的光谱变量建立最小二乘支持向量机（LS-SVM）分类模型。结果表明，RF-CA-LS-SVM 分类模型的整体分类精度高达 97.14%。

（二）国内研究现状

2009 年，吴建虎等在 400~1 000nm 波长范围内获取牛肉表面的高光谱散射图像，使用逐步多元线性回归法对牛肉嫩度进行预测和分级，预测相关系数和嫩度分级率分别达到 0.86 和 91%，使用逐步多元回归法选择 6 个特征波长，建立多元线性回归模型，模型的预测相关系数为 0.96，总体判别率达 87%。

2010 年，吴建虎等在上一年研究的基础上使用高光谱散射特性去预测牛肉的 pH 值、嫩度和颜色，使用洛伦兹函数和多元线性回归模型得到嫩度的预测相关系数为 0.86，分级准确率达 91%，pH 值、L^*、a^* 和 b^* 的预测相关系数分别为 0.86、0.92、0.90 和 0.88。

2010 年，陈全胜等基于 400~1 000nm 范围 HSI 技术开展了猪肉嫩度的判别分析研究。通过图像去噪、重采样和主成分分析法（PCA）数据降维，提取前 3 个主成分下的图像纹理特征参数，基于反向传播人工神经网络（BP-ANN）构建了猪肉嫩度等级标准判别模型，预测模型的识别率达到了 81%。

2010 年，陶斐斐等利用 HSI 技术采集 400~1 100nm 范围高光谱，开展了生鲜猪肉细菌总数的预测研究，其最优模型预测决定系数分别达到了 0.94、0.89 和 0.92。

2010 年，王伟等基于高光谱图像技术对生鲜猪肉的细菌总数进行检测研究，通过建立偏最小二乘回归、人工神经网络和最小二乘支持向量机模型，确定最优的模型为最小二乘支持向量机，预测决定系数和均方根误差分别为 0.99 和 0.21。

2012 年，宋育霖等对猪肉的细菌总数进行检测研究，使用洛伦兹三参数结合多元线性回归（MLR）建立了预测模型，相关系数和标准差分别为 0.89 和 0.46，校正集相关系数和标准差分别为 0.96 和 0.46。

2012 年，张雷蕾等基于 400~1 100nm 范围 HSI 技术先后两次对猪肉新鲜度评价，首先建立了猪肉挥发性盐基氮（TVB-N）的多元线性回归（MLR）模型，其预测相关系数和均方根误差分别为 0.90 和 4.67。其次分别建立了 TVB-N 和 pH 值的偏最小二乘判别分析（PLSDA）模型，新鲜度综合评定准确率高达 91%。

2012 年，李赛等以宁夏特有的盐池滩羊和小尾寒羊的杂交羊作为研究对象，选取了羊肉原始光谱中波峰、波谷作为特征波长点，对其嫩度进行了预测，预测结果良好。

2013 年，赵杰文等通过高光谱成像技术预测鸡肉中的挥发性盐基氮（TVB-N）含量，采用遗传算法（GA）联合区间偏最小二乘法筛选出最优波长，然后通过提取波长纹理特征经主成分优化，运用 BP 神经网络构建 TVB-N 的定量模型，模型的预测相关系数为 0.80，均方根误差为 9.84。

2013 年，思振华等利用 400~1 000nm 的 HSI 技术对羊肉表面肠溶物污染进行无损检测，通过提取图像特征信息后建模实现羊肉表面肠溶物的判别。

2013 年，朱荣光等以不同储藏时间和取样部位的牛肉作为研究对象，利用高光谱图像技术对牛肉颜色参数（亮度、红度、黄度和饱和度）进行预测，其预测相关系数分别为 0.80、0.91、0.91 和 0.93，预测标准差分别为 1.66、1.45、0.80 和 1.27。

2013 年，孙啸等基于牛肉眼肌横截面的高光谱图像，采用中值滤波、区域生长和自动取阈值等图像处理方法，分别对牛肉的彩色原始图像和 534nm 波长图像进行大理石花纹分割。结果显示，相较于原始彩色图像，基于 534nm 波长牛肉图像分割出的大理石花纹具有更高的分割精度。

2013 年，刘善梅等研究了样本集划分、光谱预处理和波段选择对生鲜猪肉含水率 HSI 检测模型效果的影响，得出模型最优预测相关系数和均方根误差分别为 0.92 和 0.44%。

2014 年，郭中华等利用 900~1 700nm 的近红外 HSI 技术对 20 d 贮藏期内的宁夏清真羊肉表面细菌总数进行了预测。采用主成分分析法（PCA）提取了局部相关系数极大值或极小值的 6 个特征波长点，分别建立对应的径向基函数人工神经网络（RBF-ANN）模型，其预测结果较好。

2014 年，邹小波等获取肴肉 430~960nm 波长范围内的高光谱图像，通过 SiPLS 模型对肴肉 TVB-N 含量建立预测模型和分级模型，对

TVB-N 含量的预测相关系数和均方根误差分别为 0.85 和 2.47，对肴肉新鲜度等级的总体准确率达到 87.5%。

2014 年，王家云等采用 900~1 700nm 近红外 HSI 技术对滩羊肉的蛋白质、脂肪和 pH 值进行了预测，通过回归系数法获取了各自的特征波长并建立对应的 PLSR 预测模型，预测决定系数分别达到了 0.83、0.86 和 0.72，预测均方根误差分别为 0.57、0.09 和 0.12。

2015 年，赵娟等以西门塔尔牛多个胴体的背最长肌部位为研究对象，对比分析了基于特征波段下纹理特征参数和基于主成分图像纹理特征参数的牛肉嫩度判别模型的精度。发现基于主成分图像特征纹理参数建立的线性判别（LDA）模型预测精度较高，达到了 94%。

2015 年，朱启兵等利用 400~1 000nm 的高光谱反射图像技术预测猪肉新鲜度，建立猪肉挥发性盐基氮（TVB-N）的偏最小二乘支持向量机（LSSVM）模型，其预测相关系数为 0.95，预测均方根误差为 1.96，预测相对分析误差为 3.12。

2015 年，刘娇等以杜长大、茂佳山黑猪和零号土猪 3 个品种猪肉样品为研究对象，利用 HSI 技术对冷鲜猪肉 pH 值进行定量检测分析，其预测相关系数达到了 0.9，预测均方根误差达到了 0.05，预测相对分析误差为 2.38。

2015 年，王正伟等利用 400~1 000nm 的 HSI 技术对鸡肉嫩度进行无损检测研究，采用偏最小二乘权重系数法结合逐步回归法筛选出 4 个特征波长并建立相应的多元线性回归（MLR）模型，其预测相关系数和均方根误差分别为 0.94 和 1.97。

2015 年，王婉娇等利用 HSI 技术对冷鲜羊肉的冷藏时间、水分和嫩度进行了预测，冷藏时间的判别率达到了 99%，水分和嫩度的预测相关系数分别为 0.78 和 0.77，二者预测精度尚不能满足实际检测要求。

2015 年，郑彩英等使用两种光谱范围的高光谱成像系统实现了对冷却羊肉细菌总数的检测研究，在 400~1 100nm 波长范围内所建模型的相关系数为 0.99，波长 900~1 700nm 模型的相关系数为 0.82。

2016 年，段宏伟等开展了两种不同提取感兴趣区域（ROIs）方法对羊肉 pH 值高光谱检测模型的影响研究。"矩形区域法"提取 ROIs 对应的逐步多元线性回归（SMLR）模型校正集的相关系数和均方根误差分别为 0.85 和 0.085，预测集的相关系数和均方根误差分别为 0.82 和 0.097。"图像分割法"提取 ROIs 对应的 PLSR 模型校正集的 Rcal 和 RMSEC 分别为 0.95 和 0.050，预测集的 R_p 和 RMSEP 分别为 0.91 和 0.071。

2017 年，杨东等利用高光谱成像技术对熟牛肉中的挥发性盐基氮（TVB-N）含量进行定量可视化分析。采集 400~1 000nm 样品高光谱图像，利用粒子群优化最小二乘支持向量机（PSO-LS-SVM）算法分别建立了不同变量组合的 TVB-N 含量预测模型，预测集决定系数和均方根误差分别为 0.96 和 1.09。

2017 年，王莉等以宁夏滩羊肉为研究对象，利用 400~1 000nm 可见近红外高光谱对冷却羊肉的菌落总数和挥发性盐基氮含量进行新鲜度的检测研究。建立的菌落总数和 TVB-N 含量预测模型的 R_c 分别为 0.91 和 0.91，R_p 分别为 0.87 和 0.88。

2017 年，段宏伟等利用高光谱图像技术来检测羊肉细菌菌落总数，在 473~1 000nm 建 ARS-PLS 模型校正集的决定系数和均方根误差分别为 0.96 和 0.29，交互验证的决定系数和均方根误差分别为 0.92 和 0.46。

第三节　羊肉储藏品质光学快速无损检测研究的现状分析

当前国内外 HSI 技术主要两类波段范围：HSI（400~1 000nm）和近红外 HSI（900~1 700nm）。现阶段，国内外学者已经对猪肉和牛肉进行了许多 HSI 检测研究，其检测指标囊括了蛋白、脂肪、水分、持水性、嫩度、细菌总数、颜色、pH 和 TVB-N 等。然而对鸡肉、羊肉和水产品的检测研究尚不完善，仍缺乏大量的成套技术参数。国外学者 Kamruzzaman 等对羊肉相关的品质评价参数，如水分、脂肪、蛋白、pH 值、颜色和滴水损失，作了定量分析研究，然而其对羊肉中蛋白和 pH

值的预测决定系数均小于 0.7。国内何建国教授等相继开展了宁夏滩羊肉的嫩度、脂肪、蛋白质、pH 值和水分等检测研究，其中嫩度、水分和 pH 值的模型精度均有待进一步提高。综上所述，可知国内外有关HSI 技术和近红外光谱技术对羊肉的检测研究仍处于初期阶段，检测指标尚不完善，光谱特征提取技术比较单一，相关指标的预测精度尚不能满足实际生产的检测要求。因此本研究提出了以具有区域特色的新疆特色的羊肉作为研究对象，采用 900~2 500nm 的近红外光谱和 400~1 000 nm 的高光谱图像技术对羊肉的储藏品质指标（pH 值、TVC、TVB-N、颜色和新鲜度）进行定量和定性检测分析，利用多种特征波长提取方法提取特征，利用多种建模方法建立优化模型，以确保最终的模型精度达到实际应用需求，同时采用可视化分析技术建立储藏品质指标的可视化分布图，以直观地了解羊肉在储藏期间的品质变化情况。

第四节　研究目标

本研究旨在以新疆羊肉为例，分析羊肉在不同储藏时间下的 pH 值、TVB-N 含量、细菌总数、颜色参数和新鲜度等储藏品质的变化趋势，获取羊肉的可见短波高光谱图像、长波近红外光谱信息和理化试验数据，比较不同的预处理方法、分集方法、ROIs 提取方法、特征波长提取方法和模型建立方法，分别建立羊肉 pH 值、TVB-N 含量、细菌总数、颜色参数和新鲜度等储藏品质的优化分析模型，并解析其检测机理，基于优化模型和可视化分析技术建立羊肉 pH 值、TVB-N 含量和细菌总数等的可视化分布图。

第五节　研究内容

本章节主要以新疆羊肉为研究对象来分析羊肉储藏品质的变化趋势和规律，获取其 400~1 000nm 可见短波高光谱图像和 900~2 500nm 长波近红外光谱对羊肉的 pH 值、挥发性盐基氮（TVB-N）含量、细菌总数（TVC）、颜色参数（L^*、a^*、b^*）和新鲜度等储藏品质指标来进行快速检测研究。主要研究工作如下。

一、羊肉 pH 值的光学定量分析检测

利用近红外光谱、高光谱图像技术和各种化学计量方法，对样本进行异常样剔除和样本集划分，比较分析了不同的建模方法、感兴趣区域选择和特征波长选择对所建模型效果的影响，基于优化模型建立高光谱羊肉 pH 值可视化分布图，实现羊肉 pH 值的定量分析检测。

二、羊肉细菌总数（TVC）的高光谱图像定量分析检测

通过对比不同的光谱预处理方法的建模结果，确定最优的样品光谱预处理方法，采用多种光谱特征波段提取方法进行羊肉 TVC 特征光谱的提取，同时建立对应的预测分析模型并解析其机理，确定羊肉细菌总数的最优预测模型，基于优化模型建立羊肉细菌总数可视化分布图，实现羊肉细菌总数 TVC 的定量分析检测。

三、羊肉挥发性盐基氮（TVB-N）的高光谱图像定量分析检测

利用高光谱图像技术和各种化学计量方法，比较全波段下不同建模方法，感兴趣区域选择和不同的特征波长选择对所建模型效果的影响，基于优化模型建立羊肉挥发性盐基氮可视化分布图，实现羊肉挥发性盐基氮（TVB-N）的定量分析检测。

四、羊肉颜色参数的光学定量分析检测

利用高光谱图像、近红外技术和各种化学计量方法，通过比较全波段下不同样本集划分、预处理方法、建模方法和不同的特征波长选择对所建模型效果的影响，实现羊肉各颜色参数的定量分析检测。

五、羊肉新鲜度的高光谱图像定性分析检测

以 TVB-N 为羊肉新鲜度的定性评价指标，利用高光谱图像对热鲜羊肉的高光谱数据进行提取，比较不同预处理方法、数据降维方法和建

模方法，建立热鲜羊肉新鲜度的优化定性判别分析模型；以 TVC 为羊肉新鲜度的定性评价指标，对冷却羊肉的高光谱数据进行代表性光谱提取、预处理比较、数据降维和纹理特征提取和不同建模比较，建立冷却羊肉新鲜度的优化定性判别分析模型。

第二章 羊肉品质光学检测模型的建立方法

第一节 光谱预处理方法

在采集试验样本的近红外光谱和高光谱图像时，所采集的光谱信号除了具有样本自身的化学信息外，还包含其他许多无用的信息和噪声，如电噪声、样本背景和杂散光等。因此在建立相关的分析模型前，需要对光谱数据进行预处理，以优化建模的光谱数据，提高模型精度和预测能力。

常用的光谱预处理方法主要有 S-G 平滑（S-G smoothing）、导数法（derivative）、多元散射校正（MSC）、标准正态变量（SNV）、小波变换和中心化（Mean-Centering）等。具体介绍如下。

一、S-G 平滑（S-G smoothing）

S-G 平滑（Savitzky-Golay smoothing，简称 S-G）通过对单点光谱数据周围一定大小窗口范围（窗口宽度一般均为奇数）内的数据点进行拟合或者平均，估算出该光谱数据点的理想光谱值，从而减小光谱数据中无规律波动的噪声信号对该数据点的干扰，提高光谱数据的信噪比。S-G 平滑算法公式为：

$$X_i^* = \frac{\sum_{j=-r}^{r} X_{i+j} W_j}{\sum_{j=-r}^{r} W_j} \tag{2-1}$$

其中 X_i^*、X_i 为 S-G 平滑前、后某一光谱数据点，W_j 为窗口宽度 2r+1 的移动窗口平滑后得到的权重因子。

二、导数法（Derivative）

导数法是光谱分析中常用的极限校正和预处理方法值，常用的导数方法有一阶导数（1-derivative，1D）和二阶导数（2-derivative，2D）。通过对光谱数据求导能够消除光谱的背景干扰。

$$一阶导数：x_{k,\,1D} = \frac{x_{k+g} - x_{k-g}}{g} \qquad (2-2)$$

$$二阶导数：x_{k,\,2D} = \frac{x_{k+g} - 2x_k + x_{k-g}}{g^2} \qquad (2-3)$$

导数法可消除光谱的极限漂移和背景的干扰，能够提高光谱的分辨率和灵敏度。同时也会引入噪声，降低信噪比。差分宽度的选择十分重要；如果差分点数太小噪声会很大，影响所建模型效果；如果差分宽度过大，会失去部分的信息。

三、多元散射校正（MSC）

多元散射校正（Multiplicative Scatter Correction，简称 MSC）是由 Martens 等人提出的，其目的在于消除由于样品厚度分布不均匀、颗粒大小不同等因素产生的样品表面光散射影响，从而增强与成分含量相关的光谱吸收信息。样品表面的光散射常导致测得的样品表面光谱数据具有明显的差异性，这种差异引起的光谱变化可能会大于样品成分引起的光谱变化。MSC 的具体算法公式如下：

$$计算平均光谱：\quad X(i) = m(i) * \overline{X(i)} + b(i) \qquad (2-4)$$

$$线性回归：\quad \overline{X(i)} = \frac{\sum_{i=1}^{n} x(i)}{n} \qquad (2-5)$$

$$MSC\ 校正：\quad X(i)_{(MSC)} = \frac{X(i) - b(i)}{m(i)} \qquad (2-6)$$

其中 X 为样品原始光谱矩 $\overline{X(i)}$，$m(i)$，$b(i)$，$X(i)_{(MSC)}$ 阵，分别为第 i 个检测样品的表面原始光谱平均值、回归常数、回归系数以及经过 MSC 校正的光谱。

四、标准正态变量（SNV）

标准正态变量（Standard Normal Variate，SNV）对光谱数据进行预处理的目的与 MSC 类似，其具体的计算公式如下所示。

$$x_{SNV} = \frac{x - \bar{x}}{\sqrt{\dfrac{\sum\limits_{k=1}^{m}(x_k - \bar{x})^2}{(m-1)}}} \qquad (2-7)$$

式（2-7）中，$\bar{x} = \dfrac{\sum\limits_{k=1}^{m} x_k}{m}$ ，m 为波长点数，$k = 1,\ 2 \cdots m$ 。

五、小波变换

小波变换将信号分解成一系列小波函数的叠加，小波函数都是由一个从母小波函数通过拉伸和平移得到的，小波变换的实质是将信号 $x(t)$ 投影到小波 $w_{a,b}(t)$ 上，从而得到便于处理的小波系数，按照分析的需要对小波系数进行处理，然后对处理后的小波系数进行变换得到处理后的信号。小波为了满足一定条件的函数通过伸缩和平移产生一个函数族

$$x(t) = \frac{1}{\sqrt{|a|}} \omega\left(\frac{t-b}{a}\right) \qquad (2-8)$$

式（2-8）中，a 为尺度参数，b 为平移参数，$\omega(t)$ 为母小波函数。论文基于 Sun 等研究和多次试验的基础上，经过多次筛选和比较，小波去噪参数选择为 db4 小波基函数和 4 尺度分解。

六、中心化（Meaning-Centering）

中心化（Meaning-Centering，MC）就是将样本光谱减去平均光谱，

经过变换的校正集光谱矩阵的列平均值为零。在使用多元校正方法建立光谱分析模型时，均值中心化将光谱的变动和待测性质或组成的变动进行关联。基于以上特点，在建立光谱定量模型之前，通常需要采用均值中心化来增加样本光谱之间的差异，从而提高模型的稳定性和预测能力。计算公式如下：

校正集样本的平均光谱 $\bar{x}_k$：

$$\bar{x}_k = \frac{\sum\limits_{i=1}^{n} x_{i,k}}{n} \qquad (2-9)$$

式（2-9）中，n 为样本个数，$k = 1, 2 \cdots m$，m 为波长点数。

中心化后的光谱为：$x_{contered} = x - x_k$ $\qquad (2-10)$

式（2-10）中，$x_{contered} = x - x_k$ 为预处理后的光谱。

第二节 特征波段筛选及降维方法

现代高精度的光谱仪通常可以同时获取几千个波段的光谱变量信息，使得光谱数据量特别大。与此同时光谱数据分析需要包含大容量的样本，造成光谱矩阵含有大量的冗余数据。并且原始的光谱数据中容易出现谱峰重叠的现象，这些严重导致了光谱分析的速度变慢、效率降低。另外与样品检测指标无关的光谱矩阵信息会对模型的预测精度造成较大的影响。因此，从采集到的光谱数据中提取有益于建模的波长变量，去除冗余光谱变量和无信息变量，可以提高光谱检测的精度，优化预测模型的性能。特征波段选择的结果对解析光谱检测机理有很大的帮助，也有助于开发低成本和简易的光谱检测仪器，比如可以不再使用光栅产生的全波段光谱，只使用滤光片技术采集获取的特征波段光谱数据。

常用的光谱特征变量提取方法有联合区间偏最小二乘（Synergy internal partial least square，SiPLS）、遗传算法（Genetic Algorithm，GA）、无信息变量消除法（Uninformative Variables elimination，UVE）、竞争性自适应重加权采样法（Competitive Adaptive Reweighted Sampling，

CARS)、连续投影算法（Successive Projections Algorithm，SPA）。

一、联合区间偏最小二乘法（SiPLS）

联合区间偏最小二乘法（SiPLS）是基于常规区间偏最小二乘法（iPLS）的原理而创建的一种光谱区间筛选方法。它将同一次区间划分过程中几个精度较高的局部模型所在的子区间联合起来，共同预测样品品质指标。经国内外学者的实际应用结果表明，SiPLS获取的区间组合所建立预测模型是可行的，但目前尚不能通过理论计算确定最终参加联合建模的子区间数目。

二、遗传算法（GA）

遗传算法（GA）是一类通过借鉴生物界"适者生存、优胜劣汰"的进化机制，演化而来的并行、随机化、智能搜索方法。它能够直接对结构对象体进行操作，无求微分、函数连续性的约束，能自适应地调整、获取和指导优化搜索空间，其内在的隐并行性和全局寻优能力较好。但当 GA 的适应度函数选取不当时，可能收敛至局部最优。GA 算法具体分析过程如下。

（一）确定控制参数

群体大小、交叉概率 Pc 和变异概率 Pm。

（二）编码

通过将全波段光谱划分成多个谱区，将每一个谱区看作一个基因，并对其进行 0/1 编码。当基因编码为 1 时，则表明该区间已被选中，反之，则未被选中。而所有基因编码串联起来则为一整条染色体，即个体。如图 2-1 所示为一条长度为 N 的染色体，即一条区间数为 N 的光谱。

（三）适应度函数的确定

适应度函数的作用在于评价个体的优劣，并作为步骤（五）进行的依据，其选取的成功与否直接关乎整个遗传算法的筛选结果。在谱区筛选过程中需要对所使用的谱区建模能力进行预测，通过比较不同谱区的建模能力，筛选出其中预测能力强的区间。而模型的预测性能主要采用交互验证法进行评价，因此 GA 筛选过程中常采用交互验证中的均方根误差（RMSECV）或预测残差平方和（PRESS）作为适应度函数。若 RMSECV 的取值越小，则表明模型的预测能力越好，建立的适应度目标函数公式为：$\min f(x) = \text{RMSECV}$。

图 2-1　基因（谱区）编码组合下的染色体示意图

（四）产生初始群体

根据一定的限制条件随机生成一个给定大小的初始群体。若初始群体越大，则其代表性越广泛，进化得到全局最优解的可能性越大，但也存在计算效率低的问题。

（五）复制算子

通过对每一个体的适应度值进行评估，将适应度值高的个体遗传至下一代，提高了遗传算法的全局收敛性、工作效率。

（六）交叉

尽管选择可以使得个体移向最优解，但也仅限于现有群体的内部寻优。利用交叉算法可以将两个配对的个体以一定的概率进行局部基因交换，形成两个新的个体并继续寻优。现有的交叉算子方法有算术交叉、均匀交叉、随机交叉（单点、双点、多点），其中比较常用的为随机单点交叉法。

（七）变异

为了维持总群体的多样性，避免出现过早收敛、局部收敛的现象，可以让个体的每个基因以一定的概率进行变异，从而确保全局最优。

（八）结束条件设置

在利用遗传算法进行特征变量的筛选过程中，常以迭代次数作为终止条件，其取值一般为 100~1 000。

三、无信息变量消除法（UVE）

无信息变量消除法（UVE）是基于模型回归系数 b 的大小而建立起来的一种变量筛选方法。在 PLS 回归分析模型中，光谱矩阵 X 和成分矩阵 Y 之间存在如下的关系：

$$Y = Xb + e \qquad (2-11)$$

其中，b 是回归系数向量，e 是误差向量。UVE 就是将与自变量矩阵的变量数目相同的随机噪声矩阵加入光谱矩阵中，通过逐一剔除交叉验证法建立 PLS 回归分析模型，得到样本的回归系数矩阵 B，对 C 的可靠性进行分析。C 的计算公式如下：

$$C_i = \frac{mean(b_i)}{S(b_i)} \qquad (2-12)$$

其中，mean（b_i）、S（b_i）分别为回归系数向量 b 的平均值、标准偏差，i 表示光谱矩阵中向量的列数。依据 C_i 绝对值大小决定是否将第 i 列变量保留。UVE 具体的算法过程如下：

将校正集光谱矩阵 X（$n×m$）和成分矩阵 Y（$n×1$）进行 PLS 回归分析，并选取最佳潜变量因子数 f，矩阵中的 n、m 分别表示样品和波长变量的数目；

随机产生一个噪声矩阵 R（$n×m$），将 X 与 R 进行组合变成矩阵 XR（$n×2m$）；

对新矩阵 XR 和 Y 进行 PLS 回归分析，并采用逐一剔除交互验证法进行模型效果评价，每次获取一个回归系数向量 b，共得到 n 个 PLS 回归系数组成矩阵 B（$n×2m$）；

按列计算矩阵 B（$n×2m$）的标准偏差 S（b）和平均值 mean（b），然后计算 $Ci = mean$（b_i）$/S$（b_i），$i=1$，$2\cdots2m$；

在 [$m+1$，$2m$] 区间取 C 的最大绝对值 Cmax = max [abs（C）]；

在 [1，m] 区间，若矩阵 X 对应的 C_i 小于 [$m+1$，$2m$] 区间对应的 Cmax，则将该部分变量去除，提取剩余变量组成新矩阵 XUVE。

四、竞争性自适应重加权法（CARS）

竞争性自适应重加权法（CARS）与遗传算法有着相似的原理，都是基于"适者生存"的进化理念，在光谱特征变量筛选过程中，将每个光谱变量当作一个"生物个体"，并根据每个"生物个体"的贡献率大小进行选择性淘汰，最终确定最优的光谱特征变量组合。

其具体选择过程如下：

（1）采用蒙特卡洛法进行 N 次采样、训练，每次抽取一定比例样本集进行 PLS 回归建模分析，同时基于指数衰减函数（EDP）快速去除贡献率较小的光谱变量。

（2）通过 N 次自适应重加权采样（ARS）优选出 PLS 模型中回归系数最大的光谱变量，将 N 次选出的变量组合成新样本集并建立 PLS 分析模型。通过比较选取 RMSECV 最小的模型，进而确定最优的光谱特征变量组合。

五、连续投影算法（SPA）

连续投影算法（SPA）是一种前向变量选择算法，主要是通过对光谱数据投影进行映射而构造出新的变量集，同时对新的变量组预测效果进行验证和评价，从而选取所有的变量组内共线性最小（冗余信息最少）的一组变量作为最终的选取结果。

第三节　样本集划分方法

在数据结合理化指标建立校正集和预测集模型的过程中，校正集和预测集样本的选取方法会对模型的结果产生较大影响，因此一种合适的样本集选取方式非常重要。常用的样本集划分方法有：RS 样本集划分法、KS 样本集划分法、SPXY 样本集划分法和隔三选一样本集划分法。

一、RS 样本集划分法

随机选择法（Random-Sampling，RS）就是指定校正集的数量，然后从总体样本中随机地选出校正集样本，剩下的样本作为预测集的样本。随机选择法由于选择出的样本是随机的，可能每次选择的结果差异较大，所以无法保证样本集划分后所建模型结果的稳定性。

二、KS 样本集划分法

Kennard-Stone 法（KS）通过计算不同样本之间的欧氏距离选择校正集的样本，首先指定校正集样本的数量，然后计算总体样本中两两样本欧氏距离最大的样本，将其选入校正集样本。计算剩余样本与已选入的两个样本之间的欧氏距离，将欧式距离较小的样本选入校正集，然后计算已选入的两组样本集中的欧氏距离。将欧氏距离较远的样本选入校正集样本，直到达到原先指定的个数为止，将剩余的样本作为预测集。然后计算已选入的两组样本集中的欧氏距离。将欧氏距离较远的样本选入校正集样本，将距离较近的选为预测集。

欧式距离计算公式：

$$d(i, j) = \sqrt{\sum_{k=1}^{p} |x_i - x_j|} \qquad (2-13)$$

式中 $d(i, j)$ 为样本 i 和 j 之间的欧氏距离，p 代表样本的光谱波段总数，x_i 和 x_j 分别代表样本在 k 处的光谱值。

三、SPXY 样本集划分法

光谱 "—" 理化值共生距离法（Sample set Partitioning based on joint X-Y distances，SPXY）是一种应用较为广泛的样本集划分方法。SPXY 法是 KS 法的发展和延续，它在选择校正集样本的过程中将因变量 y 值也考虑在内，这种样本集划分方法在定量模型的建立时具有很好的效果。其计算公式如下：

（1）光谱值 x 的欧式距离：

$$d_x(i, j) = \sqrt{\sum_{k=1}^{p} |x_i - x_j|} \qquad (2-14)$$

（2）因变量值 y 的欧式距离：

$$d_y(i, j) = \sqrt{(y_i - y_j)^2} = |y_i - y_j| \qquad (2-15)$$

（3）SPXY 法距离的计算公式：

$$d_{xy}(i, j) = \frac{d_x(i, j)}{\max_{i, j \in [1, p]} d_x(i, j)} + \frac{d_y(i, j)}{\max_{i, j \in [i, p]} d_y(i, j)} \quad (2-16)$$

SPXY 样本集选择过程和 KS 选择过程类似，仍是将样本间距离较大的划为校正集样本，距离较小的划为预测集样本。

四、隔三选一样本集划分法

隔三选一法就是将样本的因变量 y 值按照从小到大的顺序排列，然后间隔 3 个样本值选取一个样本进入预测集，剩余样本作为校正集。为了建模的需要，一般将预测集样本的最大值和最小值包含在校正集样本中。

第四节 常用化学计量学分析方法

常用的建模方法有化学计量学方法和模式识别方法，其中化学计量学方法主要有逐步多元线性回归（Stepwise Multivariable Liner Regression，SMLR）、主成分回归（Principal Component Regression，PCR）和偏最小二乘回归（Partial Least Squares Regression，PLSR）。

一、逐步多元线性回归（SMLR）

逐步多元线性回归（SMLR）分析是指建立两个或两个以上自变量与一个因变量之间的数量变化关系，但无法解决多重变量共线性的问题。SMLR 的分析过程如下：

（1）将波长变量对指标含量的偏相关系数进行大小排序，并将其逐次逐个地引入方程。当引入一个新的波长变量时，同时对引入波长变量和原有的波长变量的偏相关系数进行统计检验分析。

（2）建立新的回归方程，并对新方程中所含的波长变量偏相关系数进行逐个检验排序，依据设定好的选入水平和剔除水平两个参数，去除其中不显著的波长变量，并保留显著的波长变量。

（3）循环、选择下一个光谱波长变量，直到方程内所有变量都对成分显著，而方程外的所有变量都对成分不显著。

二、主成分回归（PCR）

主成分回归（PCR）分析主要是针对组成较为复杂的体系中的多个变量之间的多重共线性问题，而提出的一种对数据进行压缩降维，提取有效特征变量，去除对系统造成影响的主要因素，进行建模的一种方法。

（1）假设有化学检测模型：$Y_{n \times p} = X_{n \times b} B_{b \times p} + E_{n \times p}$ （2-17）

（2）首先对 X 进行主成分分析：$T_{n \times b} = X_{n \times m} P_{m \times b}$ （2-18）

PCR 一般选用前 K 个自身方差贡献率、累计方差贡献率均较高的主成分进行回归分析，原因主要在于所选取的 K 个主成分已经包含了原始矩阵 X 的绝大部分有效信息。

（3）将降维后的矩阵 T 和 Y 进行多元线性回归：

$$Y = TB + E$$ （2-19）

对于未知的样品有：$B = (T'T) - 1T'Y$ （2-20）

$$B = (T'T)^{-1}T'Y$$ （2-21）

可知，PCR 通过对参与回归的主成分进行合理筛选，能够有效地去除次要的主成分信息、削弱噪声的影响，进而提高了模型的抗干扰能力。然而为了解决多元线性回归中的多重共线性问题，需要经历大量的数学计算才能完成，因此 PCR 的运行速度一般较慢。同时，由于 PCR 建模过程中使用的主成分并不一定与待测指标成分相关，因此 PCR 对模型的理解程度不如 SMLR 直观。

三、偏最小二乘回归（PLSR）

偏最小二乘回归（PLSR）分析是一种基于因子分析的多变量校正方法，以主成分分析（Principal Component Analysis，PCA）作为其数学基础，是定量分析中应用较多的多元分析方法。然而在 PCA 分析中，只对自变量矩阵进行了分解，对其中的无用信息变量进行了消除，并没有考虑因变量中无用信息的处理方法。在此基础上，PLSR 提出了把因变量和自变量数据矩阵同时进行分解，把因变量信息引入到自变量数据的分解过程中，从而使自变量主成分直接与被分析样品成分含量相关联。其过程主要分为如下两个步骤：

（1）因子分析。将光谱数据矩阵 X、样品成分矩阵 Y 分别分解成特征向量、载荷向量：

$$X = TP^T + E \qquad (2-22)$$

$$Y = UQ^T + F \qquad (2-23)$$

其中，T 为 X 的得分矩阵，P 为 X 的载荷矩阵，而 U 为 Y 的得分矩阵、Q 为 Y 的载荷矩阵。而 E、F 分别为模型回归为 X 和 Y 时代入的矩阵误差。

（2）回归分析。在实际分解过程中，E 与 F 并不相关，因此 T 与 U 亦不相同。但当同时采用两个矩阵确定最佳因子时，矩阵 X、Y 之间存在以下的关系，其中 B 为关联系数矩阵：

$$U = TB \qquad (2-24)$$

$$B = (T'T) - 1T'Y \qquad (2-25)$$

其次，在进行模型预测分析时，先根据载荷矩阵 P 求出未知样品光谱矩阵 X 的得分矩阵 T（未知），再计算出未知样品的成分矩阵 Y（未知）：

$$Y = TPQ \qquad (2-26)$$

PLSR 建模方法适用于复杂的分析体系中，当对样品光谱矩阵 X、成分矩阵 Y 进行分解和回归交互结合时，使得特征向量直接与样品性质相关，模型稳健性较好。但 PLSR 模型容易受到奇异点的影响，或当部分预测集样品的成分范围超出模型中校正集样本的范围时，则可能对建模结果影响较大。

第五节　模式识别方法

模式识别方法主要有人工神经网络法（Artificial Neural Network，ANN）、支持向量机（Support Vector Machine，SVM）、随机森林、Adaboost 算法和极限学习机（ELM）。由于模式识别算法主要是对样本进行等级划分，而化学计量学方法多被用于样本的定量分析研究，主要内容如下：

一、人工神经网络

人工神经网络是一种应用类似于大脑神经突触连接的结构进行信息处理的数学模型。在工程与学术界也常直接简称为神经网络或类神经网络。神经网络是一种运算模型，由大量的节点（或称神经元）和之间相互连接构成。每个节点代表一种特定的输出函数，称为激励函数（activation function）。每两个节点间的连接都代表一个对于通过该连接信号的加权值，称之为权重，这相当于人工神经网络的记忆。网络的输出则依网络的连接方式，权重值和激励函数的不同而不同。而网络自身通常都是对自然界某种算法或者函数的逼近，也可能是对一种逻辑策略的表达。

它的构筑理念是受到生物（人或其他动物）神经网络功能的运作启发而产生的。人工神经网络通常是通过一个基于数学统计学类型的学习方法（Learning Method）得以优化，所以人工神经网络也是数学统计学方法的一种实际应用，通过统计学的标准数学方法我们能够得到大量的可以用函数来表达的局部结构空间，另一方面在人工智能学的人工感知领域，我们通过数学统计学的应用可以来做人工感知方面的决定问题（也就是说通过统计学的方法，人工神经网络能够类似人一样具有简单的决定能力和简单的判断能力），这种方法比起正式的逻辑学推理演算更具有优势。

二、支持向量机

支持向量机（Support Vector Machine，SVM）方法是通过一个非线性映射 p，把样本空间映射到一个高维乃至无穷维的特征空间中（Hilbert 空间），使得在原来的样本空间中非线性可分的问题转化为在特征空间中的线性可分的问题。简单地说，就是升维和线性化。升维，就是把样本向高维空间做映射，一般情况下这会增加计算的复杂性，甚至会引起"维数灾难"，因而人们很少问津。但是作为分类、回归等问题来说，很可能在低维样本空间无法线性处理的样本集，在高维特征空间中却可以通过一个线性超平面实现线性划分（或回归）。一般的升维都会带来计算的复杂化，SVM 方法巧妙地解决了这个难题：应用核函数的展开定理，就不需要知道非线性映射的显式表达式；由于是在高维特征空间中建立线性学习机，所以与线性模型相比，不但几乎不增加计算的复杂性，而且在某种程度上避免了"维数灾难"。

三、随机森林

随机森林是以决策树为基学习器构建的一种集成算法，是 bagging 算法的典型代表，可用于分类和回归。随机森林由多棵决策树构成，且森林中的每一棵决策树之间没有关联，模型的最终输出由森林中的每一棵决策树共同决定。处理回归问题时，对于测试样本，以每棵决策树输出的均值为最终结果；处理分类问题时，森林中每棵决策树给出最终类别，最后综合考虑森林内每一棵决策树的输出类别，以投票方式来决定测试样本的类别。

在建立每一棵决策树的过程中，随机森林对输入的数据要进行行、列的采样。对于行采样，采用有放回的方式，这样使得在训练的时候，每一棵树的输入样本都不是全部的样本，使得相对不易出现过拟合。然后进行列采样，从所有属性中随机选择 m 个属性，选择最佳分割属性作为节点建立 CART 决策树。重复 K 次，即建立了 K 棵 CART 决策树，最后根据这 K 棵决策树的投票结果，决定数据属于哪一类。

四、Adaboost 算法

Adaboost 是 boosting 方法中最流行的一种算法，它是以弱分类器作为基础分类器，输入数据之后，通过加权向量进行加权，在每一轮的迭代过程中都会基于弱分类器的加权错误率，更新权重向量，从而进行下一次迭代。并且会在每一轮迭代中计算出该弱分类器的系数，该系数的大小将决定该弱分类器在最终预测分类中的重要程度，最后累加加权的预测结果作为输出。Adaboost 迭代算法分为 3 步：

（1）初始化训练数据的权值分布。如果有 N 个样本，则每一个训练样本最开始时都被赋予相同的权重：$1/N$。

（2）训练弱分类器。具体训练过程中，如果某个样本点已经被准确地分类，那么在构造下一个训练集中，它的权重就被降低。然后，权重更新过的样本集被用于训练下一个分类器，整个训练过程如此迭代地进行下去。

（3）将各个训练得到的弱分类器组合成强分类器。

Adaboost 的具体运行过程：训练数据的每一个样本，并赋予其一个权重，这些权值构成权重向量 D，维度等于数据集样本个数。开始时，这些权重都是相等的，首先在训练数据集上训练出一个弱分类器并计算该分类器的错误率，然后在同一数据集上再次训练弱分类器，但是在第二次训练时，将会根据分类器的错误率，对数据集中样本的各个权重进行调整，分类正确的样本的权重降低，而分类错的样本权重则上升，但这些权重的总和保持不变为 1。

并且，最终的分类器会基于这些训练的弱分类器的分类错误率，分配不同的决定系数 alpha，它在最终的分类器组合决策分类结果中起到了非常重要的作用，如果某个弱分类器的分类错误率更低，那么根据错误率计算出来的分类器系数将更高，这样，这些分类错误率更低的分类器在最终的分类决策中，会起到更加重要的作用。alpha 的计算根据错误率得来：

$$alpha = 0.5 \times \ln \ (1 - \varepsilon / \max \ (\varepsilon, \ 1e-16) \qquad (2-27)$$

其中，ε 为正确分类的样本数目/样本总数，$\max \ (\varepsilon, \ 1e-16)$ 是为了防止错误率为而造成分母为 0 的情况发生。计算出 alpha 之后，就可以对权重向量进行更新了，使得分类错误的样本获得更高的权重，而分类正确的样本获得更低的权重。权重向量 D 包含了当前弱分类器下各个数据集样本的权重，一开始它们的值都相等，但经过分类器分类之后，会根据分类的权重加权错误率对这些权重进行修改，修改的方向为提高分类错误样本的权重，减少分类正确的样本的权重。D 的公式计算如下：

如果某个样本被正确分类，那么权重更新为：

$$D(m+1,i)=D(m,i)\cdot\exp(-\text{alpha})/\text{sum}(D)\qquad(2-28)$$

如果某个样本被错误分类，那么权重更新为：

$$D(m+1,i)=D(m,i)\cdot\exp(\text{alpha})/\text{sum}(D)\qquad(2-29)$$

其中，m 为迭代的次数，即训练的第 m 个分类器，i 为权重向量的第 i 个分量，i 小于等于数据集样本数量。当我们更新完各个样本的权重之后，就可以进行下一次的迭代训练。Adaboost 算法会不断重复训练和调整权重，直至达到迭代次数。

五、极限学习机

极限学习机（ELM）是一种针对单隐含层前馈神经网络的新算法。相对于传统前馈神经网络训练速度慢，易陷入局部极小值点，学习率的选择敏感等缺点，ELM 算法随机产生输入层与隐含层的连接权值及隐含层神经元的阈值，在训练过程中无需调整，需要设置隐含层神经元的个数，可以获得唯一的最优解。与之前的传统训练方法相比，ELM 方法具有学习速度快，泛化性能好等优点。

ELM 的学习算法主要有以下几个步骤。

（1）确定隐含层神经元个数，随机设定输入层与隐含层的连接权值 w 和隐含层神经元的阈值 b；

（2）选择一个无限可微的函数作为隐含层神经元的激活函数，而计算隐含层输出矩阵 H；

（3）计算输出层权值 $\hat{\beta}$。

当 $\hat{\beta}$ 计算完毕时，一个单隐藏层反馈神经网络就完成了。对于一个标签未知的测试样本 x，可以通过单隐藏层反馈神经网络推测它的标签，它的标签可用下式推测：

$$f_L(x)=h(x)/\hat{\beta}\qquad(2-30)$$

其中 $h(x)=[G(w1,b1,x)\quad\cdots\quad G(wL,bL,x)]$ 是神经网络隐藏层关于 x 的响应，L 为隐含层神经元个数。

第六节　模型验证与评价

一、定量分析模型验证与评价

在进行定量分析时，样本需被划分成校正集和预测集两部分，先用校正集建立量化分析模型，建模过程中对模型进行交互验证评价，并用预测集对模型效果进行外部预测。检测模型效果评价参数主要有校正均方根误差（RMSEC）、交互验证均方根误差（RMSECV）、预测均方根误差（RMSEP）、相关系数 R（校正集相关系数 R_c、交互验证相关系数 R_{cv} 和预测相关系数 R_p）、决定系数 R^2 以及相对分析误差 RPD。

如果校正均方根误差（RMSEC）、交互验证均方根误差（RMSECV）、预测均方根误差（RMSEP）越小，则模型的建模效果越好，且模型预测性能越好。同时 RMSECV 与 RMSEP 越接近，模型的稳定性越好。

$$RMSEC = \sqrt{\frac{1}{n_c} \sum_1^{n_c} (\bar{\bar{y}}_i - y_i)^2} \qquad (2-31)$$

$$RMSECV = \sqrt{\frac{1}{n_p - 1} \sum_1^{n_p} (\bar{\bar{y}}_i - y_i)^2} \qquad (2-32)$$

$$RMSEP = \sqrt{\frac{1}{n_p} \sum_1^{n_p} (\bar{\bar{y}}_i - y_i)^2} \qquad (2-33)$$

其中 n_c 为校正集的样本数，$\bar{\bar{y}}_i$ 为第 i 个样品的预测值，y_i 为第 i 个样品的实际值，n_p 为预测集的样品数量。

相关系数 R 和决定系数 R^2，当均方根误差相同时，R 或 R^2 越大，模型越准确。

$$R = \frac{\sum_{i=1}^m (x_i - \bar{x})(y_i - \bar{y})}{\sqrt{\sum_{i=1}^m (x_i - \bar{x})^2} \sqrt{\sum_{i=1}^m (y_i - \bar{y})^2}} \qquad (2-34)$$

$$R^2 = \{ \frac{\sum\limits_{i=1}^{m} (x_i - \overline{x})(y_i - \overline{y})}{\sqrt{\sum\limits_{i=1}^{m} (x_i - \overline{x})^2} \sqrt{\sum\limits_{i=1}^{m} (y_i - \overline{y})^2}} \}^2 \qquad (2-35)$$

预测相对分析误差 RPD：如果 RPD≥3，表明模型的预测效果很好，可以用于实际检测；如果 2.5<RPD<3，说明利用进行定量分析可行；如果 RPD≤2.5，则难以进行预测模型的定量分析。

$$RPD = \frac{SD}{SEP} \qquad (2-36)$$

其中 SD 为预测标准偏差，SEP 为预测标准分析误差。

二、定性分析模型验证与评价

定性分析时，样本也需被划分成校正集和预测集两部分。模型的评价依靠各样品集模型的分类准确率，即分类正确的样品数目占样品总数目的百分比，包括校正集分类准确率和预测集分类准确率。

第三章 羊肉 pH 值的光学定量分析检测

肉品在贮藏过程中，由于糖原和蛋白质的分解产生乳酸和碱性基团，同时蛋白质在蛋白酶的作用下，引起肌肉中三磷酸腺苷的分解产生正磷酸，因此 pH 值会产生一定的变化，通常被作为评价羊肉新鲜度的理化参考指标。本章分别利用近红外光谱、高光谱图像技术和各种化学计量方法，对样本进行异常样剔除和样本集划分，比较分析了不同的建模方法、感兴趣区域选择和特征波长选择对所建模型效果的影响，基于优化模型建立高光谱羊肉 pH 可视化分布图，实现羊肉 pH 值的定量分析检测。

第一节 pH 值在羊肉储存过程中的变化规律

为了更加清晰地了解非真空包装冷却羊肉在储藏期间的 pH 值动态变化，研究采集 4℃ 下每日所测多个样本 pH 值的平均值为当日羊肉的 pH 值实际值，对 1~14d 的羊肉 pH 值作统计分析，其统计结果如图 3-1a 所示。可知，pH 值的变化趋势为：先降低（1~3d），后升高（4~11d），再下降（12~14d）。究其原因，羊在刚宰杀后一段时间内，肌肉中糖原酵解产生大量的乳酸，使得 pH 值下降。随后，羊肉进入成熟阶段，pH 值上升。然而蛋白质分解产生胺类物质，促进了羊肉快速自溶，pH 值持续上升。当自溶速度减缓，过剩的营养物质促进了微生物的快速繁殖，其中大量的乳酸菌持续产酸，使得冷却羊肉的 pH 值继续下降。

4℃ 下不同冷藏时间（1~22d）下真空包装冷却羊肉 pH 值的动态

变化，其统计结果如图 3-1b 所示。观察发现，真空包装冷却羊肉 pH 值变化情况较为复杂，具体为：先下降（1~10d），后上升（11~16d），再下降（17~22d）。究其原因，羊在宰杀后一段时间内，糖酵解产生大量乳酸，pH 值下降至蛋白质等电点（5.2~5.5），肌肉持水性降至最低，导致肌肉僵硬。随后，蛋白质在蛋白酶的作用下分解成水溶性的蛋白肽和氨基酸完成了肉的成熟，促使 pH 值上升。若成熟继续进行，在腐败菌和组织酶的作用下分解进一步进行，生成胺、氨、硫化氢、酚、吲哚和硫化醇等物质，即发生了蛋白质的腐败，促使 pH 值继续上升。同时由于脂肪酸败、糖的继续酵解和乳酸菌的持续产酸作用，引起肌肉组织的破坏和色泽变化，产生酸败气味，肉表面发黏，使得 pH 值再次下降。

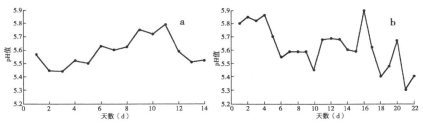

图 3-1　冷却羊肉 pH 值变化趋势

第二节　pH 值的近红外定量检测

一、样本的制备

试验所用冷却羊肉来自新疆西部牧业牛羊肉屠宰基地。取羊背脊肉，使用专用冷藏保温箱把选取的样品运回实验室，戴一次性无菌手套，选取纹理较好、脂肪和筋膜较少的大肉块，使用杀菌后的刀片对其进行分割，尺寸约为 4cm×4cm×1cm。共计 155 个样品。将样品依次装入袋中抽真空密封并在包装带上标号，置于 4℃冰箱中保存 1~20d。

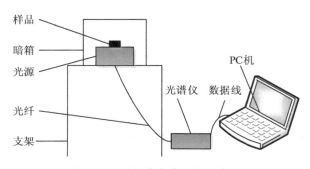

图 3-2 近红外光谱采集系统

二、羊肉样品的漫反射近红外图像采集

由图 3-2 可知近红外光谱采集系统主要包括：NIRQuest256-2.5 近红外光谱仪及其附件（美国海洋光学），QP400-VIS-NIR 光纤（美国海洋光学），VIVO 光源（美国 海洋光学），支架，暗箱，计算机。其中近红外光谱仪的有效波长为 900~2 500nm，分辨率 9.5nm，VIVO 光源在暗箱内放置。

光谱采集前，对仪器进行预热，20min 后采用聚四氟乙烯白板对系统进行黑白校正，然后将已从冰箱中随机挑选的样品拭去表面水分后置于 VIVO 光源的载物台上进行光谱漫反射采集。参数设置：积分时间 18ms，平均次数 32，平滑度 3。每个样品同一侧采集 5 个不同位置的光谱，取平均值作为此样品的光谱值。

三、样本的 pH 值测量和结果统计

在 pH 值测定前，需采用已经配制好的磷酸标准缓冲溶液（pH 值分别为 4.00 和 6.86）对 pH 值计进行两点校准。pH 值测定过程中，应采用蒸馏水对电极进行清洗，滤纸吸干，再进行下一次测定。测定结束后，须将 pH 值计电极放置在保护液中存放。

按照国标《GB/T 9695.5—2008 肉与肉制品 pH 值测定方法》要求

和步骤进行配制试样匀液。测定前，使用标准磷酸缓冲液对 UB-7 型 pH 值计（美国 丹佛）进行两点校准，然后将校准好的 pH 值计电极放入匀液上层清液中，待 pH 值计数值稳定后读数，每个样品测 6 次取均值作为本样品的 pH 值，测完所有样品后，须将电极放在保护液中。

试验选取具有代表性的 155 块真空包装冷却羊肉样品，测定其在 1~20d 储藏时间内的 pH 值，主要包括样品个数、pH 均值、标准偏差、最大值和最小值，其统计结果如表 3-1 所示。

表 3-1 真空包装冷却羊肉 pH 值统计结果

理化值	样本数（个）	最大值	最小值	平均值	标准方差
pH	155	6.57	5.03	5.61	0.34

四、异常样剔除

先使 155 个样品光谱值与 pH 值一一对应并按 pH 值升序排列导入 PLSR 模型，其结果如图 3-3 所示。

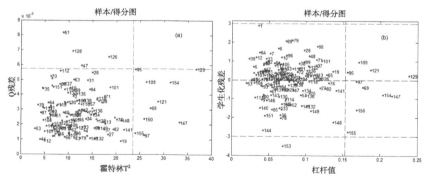

图 3-3 真空包装冷却羊肉 pH 值异常样剔除

由图 3-3a 可知，在 Q 残差、霍特林 T^2 界限图中，样本 61，128，126，95，109，129，154，121，69，147，150，97，155 均超出了标准

界限，其中 129，147，154 的霍特林 T^2 值较大，而 61 和 128 的 Q 残差值较大。而在图 3-3b 中样本 129，147，154，121，109，155，150，69，97，95 均超出杠杆值界限，且 129，147，154 超出范围较大，超出学生化残差的样本为 153 一个样，但样本 1，144 虽然没有超出界限，但其学生化残差也很大。在两个图中共有的样本为 95，109，129，154，121，69，147，150，97，155，在 PLSR 模型中对其依次逐个剔除，在剔除的过程中异常样本会发生变化，根据模型评价指标发现当剔除样本 1，30，61，63，65，89，95，101，129，144，148，153，155 模型达到最好。故剔除 13 个样以 142 个样作为后续建模的数据。

五、pH 值样本集划分

使剔除异常样的 142 个样品的光谱值与 pH 值一一对应并按 pH 值从小到大排列，然后按 3∶1 的比例对 142 个样进行划分校正集和预测集，得校正集 107 个样，预测集 35 个样。统计校正集和预测集 pH 值结果如表 3-2 所示。

表 3-2　校正集和预测集 pH 值统计结果

样品集	样本数（个）	最大值	最小值	平均值	标准差
校正集	107	6.36	5.06	5.60	0.32
预测集	35	6.27	5.18	5.60	0.31

由表 3-2 可知校正集与预测集的平均值相等都为 5.60，标准差分别为 0.32 和 0.31 相差很小，说明此种样本集划分较为合理。

六、不同预处理方法对 pH 值模型的影响

采用不同预处理方法对真空包装冷却羊肉 pH 值光谱数据进行预处理并建立 PLSR 模型，其结果如表 3-3 所示。经过 MSC 和 SNV 预处理后的光谱数据所建模型效果差别不大，但其他预处理方法与 MSC 和 SNV 相结合皆降低了原预处理方法所建模型的预测精度。说明 MSC 和 SNV 方法不适合本试验数据。其余 5 种模型中无预处理方法的模型效果

最差，经 MC 处理后的数据建立的模型效果次之。经 S-G（15）+MC 预处理方建立的模型潜变量因字数为 14 时的 PLSR 模型与 2D+S-G（19）+MC 预处理方法对应的潜变量因子数 9 时的 PLSR 模型具有相同的 RMSEP，但前者的 R_c、R_{cv}、R_p 均大于后者的 R_c、R_{cv}、R_p，说明前者的模型效果较好。而对应 1D+S-G（15）+MC 预处理方法的 PLSR 模型潜变量因子数为 12 时相对于其他模型具有较大的 R_p，说明该模型对 pH 值的预测效果最好，其结果如图 3-4 所示。因此，真空包装冷却羊肉 pH 值最佳预处理方法为 1D+S-G（15）+MC。经过预处理后光谱中波峰、波谷更加清晰，较大波峰主要分布在 900nm、960nm、1 450nm 处这些峰值主要与水、脂肪和蛋白质的吸收峰值相关。

表 3-3　不同预处理方法 pH 值的 PLSR 模型结果

预处理方法	LVs	Rc	RMSEC	Rcv	RMSECV	Rp	RMSEP
none	10	0.91	0.13	0.80	0.20	0.80	0.19
MC	11	0.94	0.11	0.85	0.17	0.83	0.18
MSC+MC	9	0.91	0.13	0.78	0.21	0.81	0.18
SNV+MC	10	0.92	0.12	0.80	0.20	0.81	0.18
S-G（15）+MC	14	0.94	0.11	0.87	0.16	0.89	0.15
S-G（13）+MSC+MC	12	0.93	0.12	0.85	0.17	0.86	0.16
S-G（13）+SNV+MC	14	0.94	0.11	0.85	0.17	0.87	0.16
1D+S-G（15）+MC	12	0.93	0.12	0.86	0.17	0.91	0.13
1D+S-G（15）+MSC+MC	11	0.91	0.13	0.84	0.18	0.86	0.16
1D+S-G（15）+SNV+MC	15	0.92	0.12	0.84	0.18	0.85	0.16
2D+S-G（19）+MC	9	0.92	0.12	0.85	0.17	0.88	0.15
2D+S-G（15）+MSC+MC	10	0.89	0.15	0.75	0.22	0.83	0.19
2D+S-G（15）+SNV+MC	10	0.88	0.15	0.75	0.22	0.77	0.20

七、冷却羊肉 pH 值光谱数据特征波长提取

（一）GA 特征波长提取

采用 GA 算法对预处理后的全波段光谱（250 个点）进行特征波长

提取，并对提取的特征波长建立 PLSR 模型。GA 特征波长筛选参数设置：种群大小 64，窗口宽度 1，初始变量数目占 30%，最大迭代次数 100，收敛百分比 50%，突变率 0.005，回归模型 PLS，交互验证窗口数量 5，重复运行次数 5。GA 选择变量具有随机性，多次运行，结果分别建立 PLSR 模型，选择 RMSECV 最小时对应的一组波长作为 GA 筛选的最终结果。此处以上述参数设置对 GA 重复运行 9 次其中有 6 次结果不同，对应的 PLSR 模型结果如表 3-4 所示。

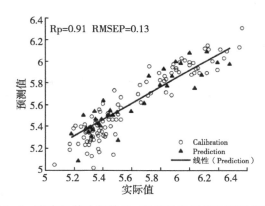

图 3-4　真空包装冷却羊肉 pH 值的校正集和预测集结果

表 3-4　6 种 GA 特征波长 PLSR 模型结果

序号	波长数（个）	LVs	RMSECV
1	44	14	0.135
2	43	11	0.126
3	38	11	0.135
4	48	12	0.125
5	44	11	0.128
6	39	10	0.134

　　由表 3-4 知，第 4 种结果所建 PLSR 模型的 RMSECV 最小，根据

GA 结果选取原则，建立此模型的一组波长点就是 GA 筛选出的最优结果。其真空包装冷却羊肉 pH 值变量选取频率如图 3-5 所示，超出细实线以上的波长点为选中的特征波长，主要分布在 910nm、960nm、1 200 nm、1 540nm、1 750nm、2 000nm、2 450nm 波长点附近，其中 910nm 附近主要为 C-H 三倍频谱区，960nm 附近为 O-H 二倍频谱区，1 200 nm 主要为 C-H 伸缩二倍频吸收谱区，1 540nm 主要为 N-H 一倍频吸收谱带，1 750nm 主要为 C-H 一倍频谱区，2 000nm 主要为 O-H 混合频谱区，2 450nm 处主要为 C-H 混合频谱区。其中 C-H、O-H、N-H 基团主要与脂肪、水和蛋白质对应。说明 GA 能较好地提取出反映 pH 值变化的特征波长。

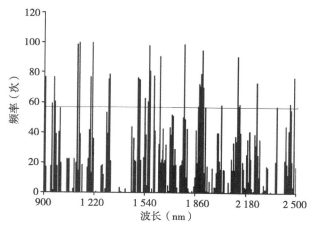

图 3-5　pH 值变量选取频率

（二）SPA 特征波长提取

采用 SPA 对预处理后的全波段光谱进行特征波长筛选，通过设置参数，发现选取波长数为 16 时，RMSE 达到最小值 0.143 13。

SPA 提取的 16 个特征波长点如图 3-6 所示，分别为：901.74nm、953.81nm、960.32nm、966.83nm、973.34nm、979.85nm、986.35nm、1 096.99 nm、1 129.51 nm、1 201.04 nm、1 240.04 nm、1 447.62 nm、

1 622.06 nm、1 948.98 nm、2 464.1 nm 和 2 482.63 nm。其中位于 900nm、1 210nm、1 650nm、2 470nm 波段附近的波长主要反映的为脂肪的吸收峰，在 960nm、1 450nm、2 000nm 处的点主要为水的吸收频带主要为 O-H 的二倍频、一倍频和混合频，而分布在 1 040 nm 的波长点主要反应的物质为蛋白质，该区主要为 N-H 二倍频谱区。说明 SPA 能提取出与 pH 值变化相关的特征波长。

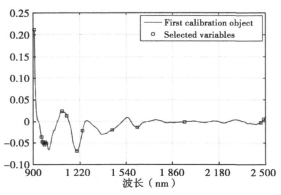

图 3-6　SPA 选取的波长点

（三）SiPLS 特征波长提取

利用 SiPLS 算法对全波段光谱进行区间划分和选取。参数设置：区间数为自动，通过设置子区间变量数得到的区间数分别为 15、16、17、18、19、20、22、25、27、31、35、41 和 50，对所得特征波长分别建立 PLSR 模型其结果如表 3-5 所示。当选择区间数为 50 时，模型的 RMSECV 达到最小为 0.144。最优联合区间为 [3 7 10 18 22 23 32 35]，分布如图 3-7 所示。

表 3-5　不同特征波长区间羊肉 pH 值的 PLSR 模型结果

区间数	LVs	选择区间	RMSECV
15	9	[3 7 10–11]	0.145

（续表）

区间数	LVs	选择区间	RMSECV
16	8	[3 8 11-12]	0.154
17	8	[3 8 12 13]	0.153
19	4	[4 8-9 15-16]	0.151
20	11	[1-4 8-10 17]	0.149
22	11	[4-5 10 14 16]	0.164
25	10	[1 4-5 10-12 18 20]	0.146
27	6	[6 9 11 13 21 26]	0.151
31	14	[2 5-6 14 20 31]	0.145
35	10	[3 7 13 16 23 25 27]	0.145
41	13	[2 6 9 14 19 27 30]	0.148
50	12	[3 7 10 18 22 23 32 35]	0.144

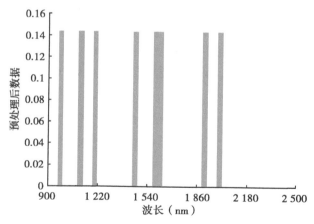

图 3-7 SiPLS 选取的最优联合区间

各区间波段为 966.83～992.86nm、1 096.99～1 123.01nm、1 194～
1 220.54nm、1 454.09～1 479.98nm、1 583.37～1 641nm、1 904.35～
1 929.86 nm 和 1 999.87～2 025.27 nm。其中 966.83 ～ 992.86nm、
1 454.09～1 479.98nm 和 1 999.87～2 025.27nm 波段主要为水的吸收

峰。1 194~1 220.54nm 波段主要为脂肪的吸收谱区，1 583.37~1 641 nm 主要为 N-H 一倍频的吸收谱带与蛋白质有关。1 096.99~1 123.01 nm 为 N-H、C-H 的一倍频与蛋白质和脂肪有关。说明 SiPLS 能够筛选出水、脂肪、蛋白质的的光谱信息。

（四）GA-SPA 特征波长提取

采用 GA 算法提取的特征波长中仍含有与理化值无关或有害的冗余信息，为进一步简化数据，以 GA 结果（48 个波长点）为基础，利用 SPA 对其进行特征波长二次提取。参数设置为，最小波长为 15，最大波长数为 35，其筛选结果如图 3-8 所示。RMSE 取得最小值时变量数为 14，但经过对其对应的波长点建立 MLR 模型和 PLSR 模型发现，预测集的相关系数大于校正集的相关系数，可能是由于所选的波长点太少，而导致模型出现异常，故舍去。通过修改参数设置，当选取的波长点数为 15 时模型不再出现异常且模型效果较优。根据程序生成的序列号对应 GA 结果选取的 15 个特征波长点为：901.74nm、908.24nm、947.3nm、960.32nm、973.34nm、1 110 nm、1 123.01 nm、1 201.04 nm、1 214.04 nm、1 460.56 nm、1 602.72 nm、2 107.61 nm、2 377.29 nm、2 464.1nm 和2 482.63nm。以上所选特征波长主要分布在水、脂肪和蛋

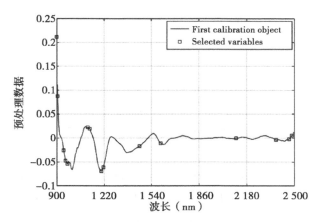

图 3-8　GA-SPA 选取的变量

白质的吸收峰附近，说明 GA-SPA 能进一步从 GA 结果中提取出与 pH 值变化相关的特征波长。

八、不同波段下冷却羊肉 pH 值模型效果比较

分别对 GA、SPA、GA-SPA、SiPLS 方法提取的真空包装冷却羊肉 pH 值特征波长建立相应 PLSR 模型和 MLR 模型并与全波段 PLSR 模型进行比较，其结果如表 3-6 所示。具有相同潜变量因子数 12 的 W-PLSR、GA-PLSR 和 SiPLS-PLSR 模型预测集 RMSECP 的大小排序为 W-PLSR<SiPLS-PLSR<GA-PLSR，说明 W-PLSR 模型预测效果最好，但另外两个模型的 RMSECV 均比 W-PLSR 模型的小，模型稳定性增加。GA-PLSR 模型预测性能最差，可能由于用于建模的较少波长点中含有有害或无用信息导致模型预测性能略微下降。SPA-MLR 模型与 W-PLSR 模型具有相同的预测集 R_p，但其 RMSEC、RMSEP 均小于 W-PLSR 模型潜变量因子数为 12 时的 RMSEC、RMSEP，表明 W-PLSR 模型预测能力较好。而采用 GA-SPA 方法选取的 15 个点建立的 MLR 模型的 RMSEP 与 W-PLSR 模型的 RMSEP 相同但前者比后者的 R_p 和 R_{cv} 都大，说明 GA-SPA-MLR 模型的性能更优。GA-SPA 方法与 GA 特征波长提取方法相比其能从 GA 结果的基础上进一步剔除波长中的冗余信息，提高模型预测性能，简化模型。故真空包装冷却羊肉 pH 值的最佳光谱特征提取方法为 GA-SPA，其对应的模型结果如图 3-9 所示。

表 3-6　不同波段下冷却羊肉 pH 值模型结果

理化值	模型	波长数	LVs	Rcal	RMSEC	Rcv	RMSECV	Rp	RMSEP
	W-PLSR	250	12	0.93	0.12	0.86	0.17	0.90	0.13
	GA-PLSR	48	12	0.95	0.10	0.92	0.13	0.88	0.15
pH	SPA-MLR	16	—	0.91	0.13	0.88	0.15	0.90	0.14
	GA-SPA-MLR	15	—	0.92	0.13	0.89	0.15	0.91	0.13
	SiPLS-PLSR	40	12	0.93	0.12	0.90	0.14	0.89	0.14

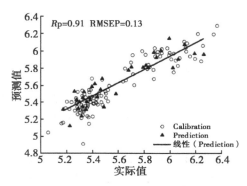

图 3-9 GA-SPA-MLR 模型效果

第三节 pH 值的高光谱图像定量检测

一、非真空包装冷却羊肉 pH 值的定量分析

（一）样本的制备

样本取自新疆石河子西部牧业集团屠宰基地的小尾寒羊羊肉，由专业人员取羊肉的第 3 到第 7 脊椎处的外脊部位，羊肉均经过防疫检验，并使用医疗保险箱送回实验室。由人员戴上无菌手套对羊肉样本进行处理，取背脊肌肉部分，除去表面的脂肪筋膜和结缔组织，整理成 4cm×2cm×1cm 的肉块样本，约重 15g。将样本依次装入编好号码后放置在 0~4℃下，试验共制备获得 124 个样本进行高光谱图像的采集及羊肉 pH 值含量的测定。

（二）羊肉样品的漫反射高光谱图像采集

高光谱图像采集系统装置如图 3-10 所示，主要包含成像光谱仪（ImSpector V10E - QE，Finland）、OLE23 镜头、CMOS 相机（MV - 1024E，China）、光源（150 W 光纤卤素灯，China）、一套输送装置（Zolix，SC300-1A，China）、SC300 电动位移平台控制器、图像采集卡（IEEE1394，China）和 PC 机（Think Centre，英特尔 Core2 RAM1. 00GB）等组件组成。其中成像光谱仪的波长为 400~1 000nm，

光谱分辨率为 2.8nm，所有组件均放置在自制的黑箱中，以防试验过程中外部光线的干扰。

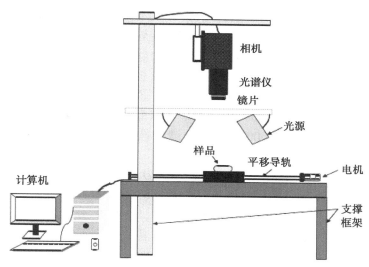

图 3-10　高光谱图像采集系统

高光谱图像采集过程主要有以下几个步骤：机器预热、清晰度校正（物距调试、视场、曝光时间调整、光强设定）、几何调整（输送平台移动速度设置）和高光谱图像采集。首先，对整个系统进行预热 30min，使得流经相机、镜头、位移平台等部件的电压（或电流）趋于稳定，确保后期采集到图像信息的噪声较少。随后，为了获取高清晰的图像，需要对物距、视场、曝光时间和光强进行匹配。通过不断地试验，得出将两个光源的相对距离调为 60cm，光源角度与水平面保持在约 60°，物距 22cm 时，能够确保样品在光学焦平面上移动。同时由于光源亮度越大，曝光时间将越小，而采集到的光强一般为饱和度的 75% 为宜，经过多次调试，得出当将曝光时间调至 22ms，光源强度设为 50 000lx 时，此时采集到的高光谱图像较为清晰。最后，为了保持采集到的高光谱图像的原有尺寸比例，需要对样品输送平台的移动速度进行调试，当电动移位台控制器的参数设为1 500，步进电机驱动样品载物台以1.5mm/s的速度进行图像采集时，高光谱图像基本保持了原有的形状比例。

由于在不同的波段范围内，光源强度不同，摄像头中也会有大量的暗电流噪声，且图像在弱波段内将产生较大的噪声信息。为提高高光谱图像信噪比，研究采用黑白校正法去除CMOS相机内部电流不稳定等原因产生的暗电流噪声，首先采用白板校正，扫描白色校正板得到标定图像W，然后将相机镜头盖拧上，获取黑色标定图像D，并参照如下黑白校正公式进行图像转换。本研究通过漫反射的方式采集到的图像光谱为400～1 000nm，高光谱图像数据块大小为1 344 pixel×700 pixel×953 band。

$$C = 4\ 095\ \frac{R - D}{W - D} \qquad (3-1)$$

其中C为校正后图像，R为原始图像，D和W分别为全黑和全白图像，4 095为数字量化值（DN）的最大值。由于系统输出为12位，因此灰度图像的级数为4 096，DN为0～4 095。实验中，羊肉样品从冰箱中取出，静置在空气中20 min，并擦去羊肉表面的水分，再进行高光谱图像的采集。

（三）样本的pH值测量和结果统计

实验选取了124个具有代表性的非真空包装冷却羊肉样本，测量过程同近红外一样，pH值的统计结果如表3-7所示，其最大值和最小值分别为5.99和5.12，平均值和标准偏差分别为5.56和0.17。样品pH值大致以平均值为中心，呈高、中、低均匀分布。

表3-7　非真空包装冷却羊肉pH值统计结果

包装方式	样本数	最大值	最小值	平均值	标准偏差
非真空包装	124	5.99	5.12	5.56	0.17

（四）不同的感兴趣区域（ROIs）对冷却羊肉高光谱模型的影响

在利用高光谱图像技术进行无损检测中，感兴趣区域（Regions of

Interest，ROIs）的选取及随后的光谱提取是其关键一步，它的准确程度直接影响了后续建模分析的精度。对于羊肉等肉类制品，其质地不均匀，肌肉与脂肪分布不规则，若选取某一矩形区域内的图像作为感兴趣区域进行光谱数据提取，理论上其数准确检测羊肉储存过程中的 pH 值，本章节比较了"图像分割法"和"矩形区域法"提取的两种 ROIs 对羊肉 pH 值高光谱检测模型的影响。

1. 不同 ROIs 下样品光谱的提取

本研究提出的"图像分割法"获取 ROIs 的基本原理是运用波段运算减法（$b1-b2$）、二值化和掩膜法去除羊肉样品图像的背景、阴影，其次对处理后的图像通过波段运算加法（$b1+b2$）和掩膜法去除脂肪、亮点，以获取与羊肉 pH 值信息相对应的肌肉部分的图像信息。具体操作分两步：第一步，由于样品在波段 544.15nm（$b1$）和 818.98nm（$b2$）下灰度值相差较大，而这两个波段下背景、阴影部分灰度值相差较小，因此采用波段相减法使得背景、阴影趋于全黑。再对运算后的图像进行二值化处理得到全黑的背景、阴影（灰度值为 0）和全白的样品（灰度值为 1），二值化阈值约为 30 000 和 64 900（图 3-11c）。随后通过掩膜法得到去除背景后的图 3-11d。第二步，由于脂肪、亮点与肌肉部位在灰度图像上视差较小，因此采用波段运算加法 $b1+b2$，使得脂肪、亮点部位更加突出。再通过掩膜法去除脂肪与亮点，掩膜阈值约为 1 520 和 2 587，得到肌肉（图 3-11e）。由于高光谱系统中暗电流的影响，导致在波段弱的部位（400~473nm）产生了尖峰噪声，不能用于后期的试验建模等过程中，提取去噪后的肌肉部分光谱（473~1 000nm）作为该样品光谱数据（图 3-11f）。将"图像分割法"获取的 ROIs 名为 IS（Image Segmentation）。图 3-12a 为 IS 的原始光谱。

"矩形区域法"是在图像中心位置尽量避开亮点、脂肪较多的区域，选取肌肉密集部位作为 ROIs。国内研究者选取的 ROIs 大都为几千个像素点，本章节采用"矩形区域法"获取 50pixel×50pixel 的 ROIs，命名为 RR（Rectangle Regions）。图 3-12b 为 RR 的原始光谱。

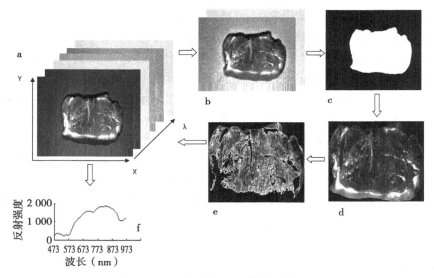

图 3-11　图像分割及光谱数据的提取

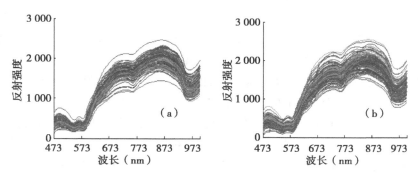

图 3-12　图像分割法和矩形区域法提取的原始光谱

2. 异常样剔除

由于采集到的光谱和样本浓度的测量误差，或是由于光谱或浓度测量值与建模的校正集样品平均光谱或平均浓度值明显差异，导致在无损检测建模过程中经常会存在一些异常点（异常样本），这直接导致了数据整体分布态势的改变，从而严重影响了模型精度。因此，异常样本的发现和剔除成为了无损检测模型建立的重要一步。目前，国内外学者提出了多种农畜产品样本剔除方法，主要包括基于预测浓度残差的异常样品判别法、基于 Chauvenet 检验法的异常光谱判别法、狄克松（Dixon）检验法、主成分得分异常样本剔除法、基于 Q 残差界限、霍特林 T2 界限的异常样本判别法和基于杠杆值、学生化残差 T 检验准则的异常样品判别法。通过对这些样本进行逐一的回归分析，根据去除后模型性能的变化最终确定需要被剔除的样本编号，其中常采用的建模方法为 PLS 回归分析法。为了能够同时判别样品的光谱和浓度异常情况，本研究决定采用杠杆值、学生化残差 T 检测法和基于 Q 残差界限、霍特林 T2 界限判别法联合剔除异常样本。最终用剩余的 122 个羊肉样本用于一批次 pH 值建模预测分析。

3. 建模样本集的划分

将剔除异常样后剩余的 122 个非真空包装冷却样品 pH 值和光谱数据一一对应，按照 pH 值递增方式排序，通过"隔三选一"法确定 91 个样品的校正集和 31 个样品的预测集。统计结果如表 3-8 所示，其中包括样品最大值、最小值、平均值和标准偏差。

表 3-8　羊肉 pH 值统计结果

pH 值	最大值	最小值	平均值	标准偏差
校正集（$n=91$）	5.96	5.12	5.56	0.17
预测集（$n=31$）	5.99	5.27	5.57	0.17

4. 不同预处理方法的选择

多元散射校正（MSC）与变量标准化（SNV）可以去除由于样品厚度而产生的光散射，一阶与二阶导数（1D、2D）可以去除基线漂移等噪声，因此建模之前需对光谱数据进行预处理。通过比较不同预处理后的模型结果，获得相应模型条件下的最优预处理方法，如表 3-9 所示。

对于"图像分割法"提取的 ROIs，其 PCR 模型采用 1D、S-G（11，2）、MSC 和 mean-centering 相结合的方法对其光谱数据进行预处理。该

ROIs 选择条件下 SMLR 模型光谱数据最优预处理方法为 2D、Norris（15，0）、MSC 和 mean‑centering 相结合的方法。与该 SMLR 模型相比较，PLSR 的不同之处在于选取了 13 点的 S‑G 平滑。对"矩形区域法"提取的 ROIs 光谱数据进行预处理时，其 SMLR 采用了 1D、Norris（11，0）和 Mean‑Centering。与该 SMLR 模型相比较，PCR 和 PLSR 的不同之处仅在于平滑方法的不同，它们分别采用了 9 点和 17 点的 S‑G 平滑。

表 3-9 图像分割法和矩形区域法的光谱预处理

模型	ROIs	预处理方法
PCR	IS	1D+S‑G（11，2）+MSC+mean‑centering
	RR	1D+S‑G（9，2）+mean‑centering
SMLR	IS	2D+Norris（15，0）+MSC+mean‑centering
	RR	1D+Norris（11，0）+mean‑centering
PLSR	IS	2D+S‑G（13，2）+MSC+mean‑centering
	RR	1D+S‑G（17，2）+mean‑centering

5. 不同感兴趣区域（ROIs）下羊肉 pH 值模型的建立与评价

在已确定的最优预处理方法下，本章节对"图像分割法"和"矩形区域法"提取的 ROIs 光谱数据均分别采用 SMLR、PCR 和 PLSR 三种回归方法建模，并对建模结果进行了验证，建模和验证结果如表 3-10 所示。

"矩形区域法"提取 ROIs 光谱数据建立的 PCR 最佳模型采用 16 个主成分因子（PCs），其预测集的 RMSEP 为 0.11。在采用了 9 个潜变量因子（LVs）时，该 ROIs 选择条件下的 PLSR 模型效果最优，其 RMSEP 为 0.11。这两个模型的 RMSEP 均远大于"矩形区域法"提取 ROIs 所建立的 SMLR 建模结果。图 3-13a 为"矩形区域法"提取 ROIs 光谱数据建立 SMLR 模型的预测效果，其校正集的 Rcal 和 RMSEC 分别为 0.85 和 0.085，预测集的 R_p 和 RMSEP 分别为 0.82 和 0.097。该模型采用 12 个波长点为 735.71nm、578.54nm、755.96nm、490.79nm、590.11nm、836.95nm、814.78nm、529.36nm、616.15nm、537.08nm、

931.45nm 和 593.97nm。"图像分割法"提取 ROIs 结合 PCR 的最佳模型采用 12 个 PCs，其预测集的 RMSEP 远大于该 ROIs 选择条件下的 SMLR 和 PLSR 的建模结果。此时，SMLR 的最优模型选取了 9 个波长点（828.28nm、570.83nm、911.20nm、772.35nm、745.35nm、681.71nm、498.51nm、985.45nm 和 972.91nm），其 RMSEP 为 0.078，大于 PLSR 的建模结果。验证结果可知 PLSR 模型优于 SMLR，其原因可能是该条件下 SMLR 模型选取的 9 个波长点包含的光谱信息较少。图 3-13b 为 "图像分割法"提取 ROIs 光谱数据建立 PLSR 模型的预测效果。该 PLSR 模型采用 12 个潜变量因子，校正集的 Rcal 和 RMSEC 分别为 0.95 和 0.050，预测集的 R_p 和 RMSEP 分别为 0.91 和 0.071。

表 3-10　IS 和 RR 的模型结果

模型	ROIs	波长数/因子数	校正集		预测集	
			相关系数	均方根误差	相关系数	均方根误差
PCR	IS	12	0.83	0.091	0.82	0.097
	RR	16	0.82	0.093	0.77	0.11
SMLR	IS	9	0.92	0.065	0.87	0.078
	RR	12	0.85	0.085	0.82	0.097
PLSR	IS	12	0.95	0.050	0.91	0.071
	RR	9	0.85	0.087	0.77	0.11

6. 不同感兴趣区域（ROIs）对羊肉 pH 值模型影响与讨论

"图像分割法"和"矩形区域法"分别提取 ROIs 光谱数据建立对应的 PCR 最佳模型各采用了 12 个和 16 个 PCs，其预测集的 RMSEP 分别为 0.097 和 0.11。与"图像分割法"和"矩形区域法"分别提取的 ROIs 相对应的最优 SMLR 模型各采用了 9 个和 12 个波长点，预测集的 RMSEP 分别为 0.078 和 0.097。而 PLSR 模型分别采用了 12 个和 9 个 LVs，其预测集的 RMSEP 分别为 0.071 和 0.11。

在 SMLR、PCR 和 PLSR 三种建模方法中，"图像分割法"提取

ROIs 建立 pH 值模型的效果均优于"矩形区域法"提取 ROIs 建立的 pH 值模型。其原因可能是"图像分割法"不仅选取了最大部分的羊肉肌肉部位,而且去除了亮点、膈膜、脂肪等噪声的影响,该 ROIs 提取方法相对于"矩形区域法"提取的光谱数据偏差较小。

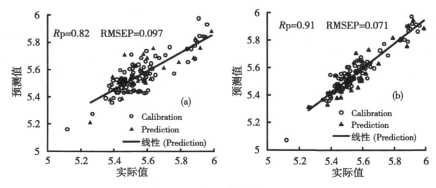

图 3-13 RR 和 IS 的最优预测结果

(五)不同的特征波段对冷却羊肉高光谱模型的影响

由于利用全波段建立羊肉高光谱检测模型时,模型中存在过多与羊肉 pH 值无关的光谱信息,可能会导致模型效果下降。为筛选羊肉 pH 值的特征波段和建立更准确快速的羊肉 pH 值检测模型,本章节通过 Si-PLS 和 SiPLS-GA 两种方法分别提取对应的光谱特征波段,建立这两组特征波段下羊肉 pH 值的 PLS 预测模型,并与全波段的 PLS 模型效果相比较,以选取最佳的特征波段筛选方法及对应特征波段下的羊肉 pH 值高光谱图像检测模型。

1. SiPLS 筛选特征波长

本章节首先选用 SiPLS 进行特征区间的筛选,将全波段光谱分别分成如表 3-11 所示的 12~24 个子区间。在子区间数为 21 时,其 RMSECV 达到最小值的 0.067,此时所选取的最优 LVs 和最优子区间分别为 13 和 [3 5 8 9 11 12 14 16 20],同时该区间组合所对应的特征波长为 525.1~550.2nm、576.6~601.6nm、653.7~704.6nm、730.9~

781.8nm、808.1 ~ 833.2nm、859.6 ~ 884.7nm、962.5~ 987.6nm 和 1014.0~1017.2nm。羊肉在储存过程中,在微生物和酶的作用下易发生腐败变质使得肌红蛋白逐渐转化成脱氧的高铁肌红蛋白,而在550nm附近为脱氧肌红蛋白的吸收峰,760nm 附近为水的特征吸收波长,660nm 附近为 NH3 基团的 3 级倍频吸收。同时这几个波长点均在 SiPLS 所获得的特征区间内,因此得出 SiPLS 能够筛选出引起羊肉 pH 值变化的脱氧肌红蛋白、水分和氨所对应的光谱信息。

表 3-11　不同子区间选择的 SiPLS 模型分析结果

Number of intervals	LVs	Selected intervals	RMSECV
12	12	[2 3 5-8]	0.076
13	14	[2-4 7-9 11]	0.076
14	12	[2-4 8-10]	0.077
15	12	[2 4 7 9 10]	0.074
16	12	[2-4 7 9 11]	0.077
17	12	[2-4 7 8 10 11 17]	0.075
18	12	[4-5 7 10-12 17]	0.068
19	11	[3-5 9 11-12 15 19]	0.072
20	13	[3-5 7-9 11 12 14-16 19]	0.071
21	13	[3 5 8 9 11 12 14 16 20]	0.067
22	13	[3 5 6 8 9 12 13 15 21]	0.068
23	13	[3-8 10 13 14 16 23]	0.082
24	13	[3-10 13 14 16 23]	0.071

2. UVE 筛选特征波长

UVE 主要基于 PLS 回归系数 β 的一种算法,用来去除那些不能提供有效信息或者提供信息很少的变量。本章节 UVE 算法设置的随机噪声变量数为 846,回归模型采用 PLS,变量筛选的结果如图 3-14 所示。$x = 846$ 的前后部分分别为原始特征变量和加入的随机噪声变量,$y = 20$

和 $y=-20$ 的两条虚线为变量筛选阈值的上限和下限。由图中可知界限以内的波长点与噪声信息的回归系数相近，表明这些波长点为无效变量，因此选取界限外有效变量并建立对应的 PLS 回归分析模型。

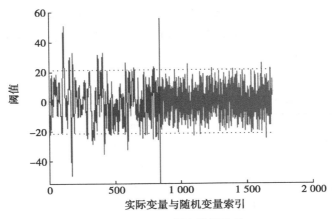

图 3-14　UVE 提取最优波长

UVE 筛选获取 38 个有效变量的分布情况如图 3-15 所示，主要分布在 550nm、596nm、650～680nm、760nm、820nm、910nm 和 970nm 附近。与 SiPLS-GA 筛选结果对比，发现经 UVE 提取的特征波长点分布更加明确，但由于随机噪声本身就具有较大的不确定性，因此也可能造成有效变量的误删。对图 3-15 分析可知，550nm 处为脱氧肌红蛋白的吸收峰，596nm 处为氧合血红蛋白的吸收峰，660nm 为胺类物质的吸收峰，680nm 为酪氨酸的吸收峰，760nm 和 970nm 分别为水的二次倍频和三次倍频吸收峰，910nm 附近为醇酸类物质吸收峰。结果分析表明 UVE-PLS 能够有效获取引起羊肉 pH 值变化的物质特征光谱信息。

3. CARS 筛选特征波长

CARS 主要是通过自适应重加权采样技术（ARS）和指数衰减函数（EDP），选择出 PLS 模型中回归系数绝对值较大的波长点，从而去除权重较小的波长点。本章节 CARS 算法采样次数设置为 150，回归建模方法为 PLS，特征波长筛选结果如图 3-16 所示。利用全交叉验证选出 RMSECV 最小值所对应的波长点集合，即为 CARS 提取的最优变量结果。

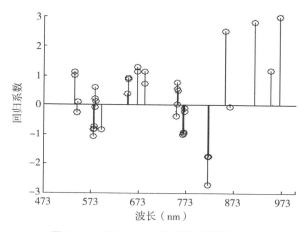

图 3-15　UVE-PLS 选取的最优波长点

当采用 CARS 进行特征波段提取时，随着采样次数的增加，其样本选取的波长点数、RMSECV 和各个波长点回归系数的变化情况分别如图 3-16a、图 3-16b、图 3-16c 所示。前 10 次采样过程中，随着采样次数的增加，发现其 RMSECV 逐渐减小，回归系数逐渐变大，波长点快速减少，表明全波段光谱中回归系数较小的变量被快速去除，当采样次数达到 60 时，其 RMSECV 降至最低点对应的特征波长点数为 28。

CARS 算法提取的 72 个特征波长点在全波段光谱范围内的分布情况如图 3-17 所示，主要分布在 540.4~550.2nm、577.1~592.1nm、649.2~683.9nm、759.4~820.9nm、844.3~877.4nm 和 921.3~978.6nm。可以看出，与 SiPLS-GA 筛选结果相比，CARS 提取的 28 个特征波长点分布更加集中。观察发现，CARS 提取的波长点中回归系数较大值主要分布在 540~550nm、740~780nm、820nm、850~870nm、910nm 和 970nm 附近，而 550nm 和 560nm 分别为脱氧肌红蛋白和脱氧血红蛋白的吸收峰，760nm 和 970nm 处分别为水的倍频吸收峰，910nm 为酸醇类物质的吸收峰，其提取的特征波长点与 UVE 结果相近。可见，CARS 算法能够提取与非真空包装冷却羊肉 pH 值相关的特征光谱信息。

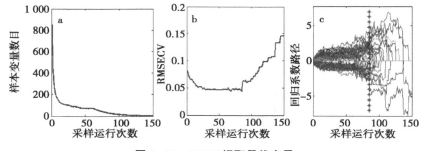

图 3-16　CARS 提取最优变量

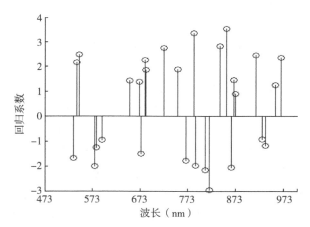

图 3-17　CARS-PLS 选取的最优波长点

4. SPA 筛选特征波长

SPA 算法主要通过提取变量组中含有冗余信息最小的一组波长点作为最终的光谱特征波长，算法运行前，将最小和最大波长点的个数分别设置为 1 和 846，由筛选结果可知，当 RMSECV 降至最小值时，其选取的 31 个特征波长点分布情况如图 3-18 所示。

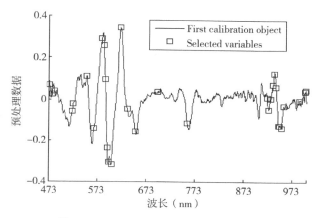

图 3-18　SPA-PLS 选取的最优波长点

由图 3-18 可知，SPA 算法提取的特征波长点主要分布在 473～490nm、550～610nm、660nm、760nm 和 910～1 000nm。与 CARS 算法的筛选结果相近，但 SPA 获取的回归系数较大的特征波长点主要分布在 550nm、560nm 和 596nm 附近，其中 550nm、560nm 和 596nm 处分别为脱氧肌红蛋白、脱氧血红蛋白和氧合血红蛋白的吸收峰，表明 SPA 算法也提取了与羊肉 pH 值相关的特征光谱波长点。

5. SiPLS-GA 筛选特征波长

GA 是模拟自然界遗传机理和生物进化论而成的一种并行随机全局搜索最优化方法，具有很好的收敛性，同时在进行精度计算时，计算时间少，鲁棒性高。由于 SiPLS 已经筛选出了 258 个特征波长点，为了进一步提高模型的精度和建模效率，采用 GA 进一步的筛选。

本章节 GA 变量选择参数设置主要为：种群大小设为 64 个个体，每个个体基因变量设为 1，初始运算时的变量数目（initial terms）为 30%，最大代数（max generations）为 100，收敛百分比（Percent at Convergence）为 50，突变率（mutation rate）为 0.005，回归算法为

PLS。为了获取 SiPLS-GA 下的最优波段，将回归算法的交互验证的窗口数量（splits）分别设置成 5、10 和 15，并分别建立 PLS 模型，建模结果如表 3-12 所示。

表 3-12　不同窗口数量下 SiPLS-GA-PLS 模型效果

窗口数量	波长点数	LVs	Rcal	RMSEC	RMSECV	Rp	RMSEP
5	92	12	0.98	0.033	0.055	0.96	0.048
10	84	13	0.98	0.031	0.051	0.95	0.052
15	89	13	0.98	0.031	0.052	0.96	0.049

splits 为 5 和 15 时，模型分别选取了 92 个和 89 个特征波长点，RMSECV 分别为 0.055 和 0.052，最优 LVs 分别为 12 和 13。splits 为 10 时，RMSECV 为 0.051，小于 splits 为 5 和 15 的模型效果。因此 splits 为 10 选取的 84 个特征波长点为 SiPLS-GA 的最优筛选结果，如图 3-19 所示。该组特征波长点主要分布在 528.1~550.2nm、575.6~597.7nm、660.5~704.6nm、742.4~768.7nm、817.4~833.2nm、859.6~873.4nm 和 962.5~973.2nm，而 550nm、660nm 和 760nm 附近分别为引起 pH 值

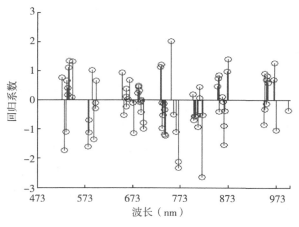

图 3-19　SiPLS-GA 选择的最优波长点

变化的脱氧肌红蛋白、水分和氨的吸收波长，表明 SiPLS-GA 筛选出的
特征波段光谱信息与羊肉 pH 值具有相关性。

（六）不同波段下的 PLS 模型比较

为比较不同特征波段下 PLS 模型效果，对 SiPLS、SiPLS-GA、
UVE、CARS 和 SPA 提取的特征波长光谱数据分别建立对应的 PLS
模型，并与全波段 PLS 模型效果相比较，其建模结果如表 3-13
所示。

表 3-13 不同波段下 PLS 模型结果比较

模型	波长点数	LVs	Rcal	RMSEC	RMSECV	Rp	RMSEP
W-PLS	846	12	0.95	0.050	0.084	0.91	0.071
SiPLS-PLS	366	15	0.98	0.035	0.067	0.90	0.076
SiPLS-GA-PLS	84	13	0.98	0.031	0.051	0.95	0.052
UVE-PLS	38	10	0.93	0.060	0.079	0.90	0.083
CARS-PLS	28	13	0.98	0.033	0.046	0.96	0.053
SPA-PLS	31	17	0.91	0.069	0.10	0.87	0.086

对于 W-PLS、SiPLS-PLS 和 UVE-PLS 模型，其选取的波长
点分别为 846、366 和 38，三者的 RMSEP 分别为 0.071、0.076
和 0.083，预测集的 Rp 分别为 0.91、0.90 和 0.90，三者的模型
效果基本相当。与上面三个模型效果相比较，SPA-PLS 模型的
RMSECV 和 RMSEP 值均较大，表明 SPA-PLS 模型效果较差，原
因可能在于 SPA 选取的 31 个波长点包含的样品信息有限，降低
了模型的精度。

对于 SiPLS-GA-PLS 模型，获取的个特征波长点数为 84，其潜变
量因子数（LVs）为 13 时模型效果达到最优，此时 RMSECV 为 0.051，
远小于 W-PLS、SiPLS-PLS 和 UVE-PLS 的结果，但大于 CARS-PLS 的
模型结果，表明在所选取的六种建模波段中，CARS 选取的 28 个特征
波长点建立的 PLS 模型效果最优。其结果如图 3-20 所示，校正集相关
系数和均方根误差分别为 0.98 和 0.033，预测集相关系数和均方根误
差分别为 0.96 和 0.053。原因可能是 SiPLS-GA 所提取的 84 个波长点

中仍然包含着与羊肉 pH 值无关的变量，而 CARS 可进一步去除光谱冗余信息从而提高了模型的预测精度。

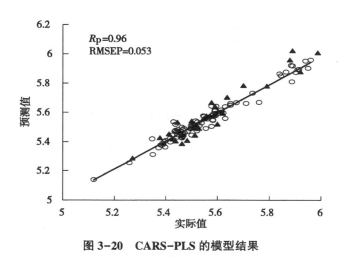

图 3-20　CARS-PLS 的模型结果

二、真空包装冷却羊肉 pH 值的定量分析

（一）样本制备和漫反射高光谱图像

样本制备和图像采集同上所述。

（二）样本的 pH 值测量和结果统计

实验选取了 150 个具有代表性的真空包装冷却羊肉样本，其 pH 值的统计结果如表 3-14 所示，其最大值和最小值分别为 6.57 和 5.03，平均值和标准偏差分别为 5.63 和 0.34。样品 pH 值大致以平均值为中心，呈高、中、低均匀分布。

表 3-14　真空包装冷却羊肉 pH 值统计结果

包装方式	样本数	最大值	最小值	平均值	标准偏差
真空包装	150	6.57	5.03	5.63	0.34

（三）异常样品的剔除

对 150 个真空包装冷却羊肉 pH 值建模样本进行异常样的剔除。最终将剩余的 138 个羊肉样本用于 pH 值模型的预测分析过程中。

（四）建模样本集的划分

将剔除异常样后剩余的 138 个真空包装冷却羊肉样品 pH 值和光谱数据一一对应，按照 pH 值递增方式排序，通过"隔三选一"法确定 103 个样品的校正集和 35 个样品的预测集。统计结果如表 3-15 所示，其中包含样品最大值、最小值、平均值和标准偏差。分析表明，羊肉样品校正集和预测集各项统计结果相近，确保了模型的预测性能。

表 3-15　羊肉 pH 值统计结果

样品集	最大值	最小值	平均值	标准偏差
校正集（$n=103$）	6.57	5.06	5.62	0.33
预测集（$n=35$）	6.36	5.03	5.61	0.34

（五）光谱数据预处理

本章节采用"图像分割法"提取羊肉肌肉部分作为感兴趣区域，并提取该区域的平均反射光谱作为代表性羊肉样本的光谱信息。由于光谱采集过程中受到外部环境以及光谱仪自身暗电流的影响，使采集到的光谱存在基线漂移、光散射等噪声，因此有必要对光谱预处理。交互验证均方根误差（RMSECV）是评价建模效果的关键指标，间接决定了光谱预处理方法的选取结果。

本章节分别采用了中心化处理（mean centering）、多元散射校正（MSC）、微分法（1D、2D）和 S-G 平滑（S-G smoothing）等多种方法对光谱进行了预处理。通过比较发现，当潜变量因子数（LVs）为 14 时，RMSECV 达到最小值的 0.14，所对应的最优光谱预处理方法为二阶导数（2D）、23 点 S-G 平滑、多元散射校正（MSC）和中心化处理（mean-centering）相结合的方法，预处理后的光谱如图 3-21 所示。可以看出，经过处理后的光谱峰谷更加明显，避免了重叠峰的干扰，提高了光谱的分辨率和灵敏度。

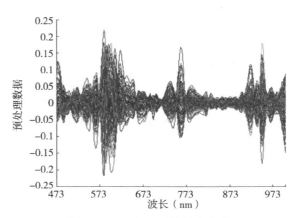

图 3-21　预处理后的羊肉光谱

（六）特征波长提取研究

1. SiPLS 筛选特征波长

采用 SiPLS 进行全波段光谱的特征区间筛选，结果如表 3-16 所示。当子区间数为 18 时，其 RMSECV 达到最小值的 0.117，此时所选取的最优子区间为 [3-5 7 9-10 12 13 17]，该区间组合所对应的特征波长范围主要分布在 533 ~ 624nm、654 ~ 685nm、715 ~ 770nm、806 ~ 866nm 和 957 ~ 986nm。与非真空包装冷却羊肉 pH 值光谱经 SiPLS 提取的结果相比，此时所提取的特征光谱范围不仅包括了前者的所有区间，更包含了 806 ~ 866nm 和 957 ~ 986nm 波段的光谱信息，且在 970nm 处为水的三次倍频吸收峰，因此得出 SiPLS 能够筛选出引起真空包装冷却羊肉 pH 值变化的特征光谱。

表 3-16　不同子区间选择的 SiPLS 模型分析结果

Number of intervals	LVs	Selected intervals	RMSECV
12	14	[2 3 5-9 12]	0.121

（续表）

Number of intervals	LVs	Selected intervals	RMSECV
13	16	[2-5 7 10]	0.119
14	14	[1-3 5-7 10]	0.120
15	14	[1 3 4 6 7 11 14 15]	0.127
16	13	[3 46-12 15 16]	0.119
17	15	[3-6 9-13 17]	0.119
18	14	[3-5 7 9 10 12 13 17]	0.117
19	13	[3- 8 10-14 18-19]	0.119
20	15	[3-8 10-14 18 19]	0.118
21	14	[3 5 6 8 9 11-16 19-21]	0.122
22	14	[3 5 6 8 9 12 13 15 16 19-22]	0.122
23	14	[1 4-14 16-18 21 23]	0.124
24	14	[4-8 12 13 16-18 22 23]	0.118

2. GA 筛选特征波长

GA 算法的主要参数设置包括如下：种群大小设为 64 个个体，窗口宽度设为 5，初始变量数目设为 30%，最大代数为 100，收敛百分比为 30%，突变率为 0.005，回归建模方法为 PLS，交互验证方法为 contiguous block。

为比较不同 splits 对 GA 运行结果的影响，将 splits 分别设置为 5、10 和 15，并建立对应的 PLS 回归模型，模型效果如表 3-17 所示。当 splits 为 15 时，其 RMSECV 为 0.10，明显小于 splits 为 5 和 10 时的模型结果。GA 所选取的 210 个最优波长点对应的回归系数如图 3-22 所示，波长点主要分布在 550~600nm、650~680nm、700~810nm、850~920nm 和 970~980nm 附近，其中较大的建模回归系数主要分布在 596nm 和 850nm 附近。550nm、560nm 和 596nm 处分别为脱氧肌红蛋白、脱氧血红蛋白和氧合血红蛋白的吸收峰，660nm 附近为胺类物质吸收峰，680nm 附近为酪氨酸的吸收峰；910nm 附近为 C-O 吸收峰，主要物质为羧酸和醇类；970nm 附近处为水吸收峰，可见 GA 能够筛选出引起羊肉 pH 值变化的蛋白、水和胺类物质等所对应的光谱信息。

表 3-17　5、10 和 15 窗口数量下的 GA-PLS 运行结果

Splits	LVs	Rc	RMSEC	Rcv	RMSECV	Rp	RMSEP
5	12	0.97	0.076	0.95	0.11	0.97	0.086
10	14	0.98	0.070	0.94	0.12	0.96	0.092
15	14	0.98	0.069	0.95	0.10	0.97	0.083

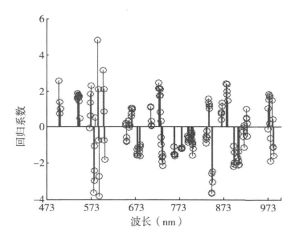

图 3-22　GA-PLS 选取的最优波长点

3. UVE 筛选特征波长

UVE 算法设置的随机噪声变量数为 846，回归分析模型为 PLS，变量筛选的结果如图 3-23 所示。图中 $y=20$ 和 $y=-20$ 的两条虚线为变量筛选阈值的上限和下限，$x=846$ 之前部分为原始特征变量，$x=846$ 后面的部分为加入的随机噪声变量回归系数。通过去除界限内的无效变量，从而将界限外有效变量保留并建立对应的 PLS 回归分析模型。

全波段 846 个波长点经 UVE 筛选，最终得到 127 个有效变量，其分布情况如图 3-24 所示。其主要分布在 473～480nm、530～600nm、650～780nm、800～810nm、830～880nm、910～940nm 和 960～1000nm，与同一批次非真空包装的冷却羊肉经 SiPLS-GA 筛选后的结果对比，发现本次经 UVE 提取的特征波长基本包括在内，且本次选取结果的范围

更广。同时，对图 3-24 分析可知，所选取的特征波长点回归系数较大值主要分布在 550nm、910nm 和 970nm 附近，而 550nm 处为脱氧肌红蛋白的吸收峰，910nm 为 C-O 吸收峰，其主要物质为羧酸和醇类，970nm 附近为 O-H 二次伸缩键的吸收峰。表明 UVE-PLS 能够提取引起羊肉 pH 值变化的物质光谱信息。

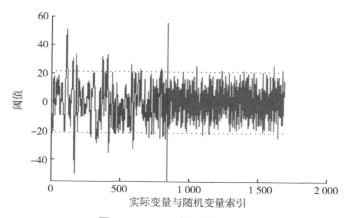

图 3-23 UVE 提取最优波长

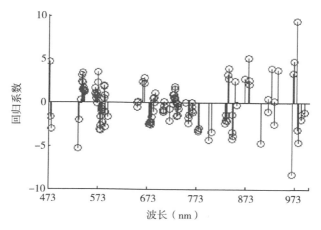

图 3-24 UVE-PLS 选取的最优波长点

4. CARS 筛选特征波长

CARS 算法采样次数设置为 150，所采用的回归建模方法为 PLS，特征波长筛选结果如图 3-25 所示。利用交叉验证选出 RMSECV 的最小值所对应的波长点集合，即为 CARS 提取的最优变量结果。CARS 算法计算过程中，随着采样次数的增加，其样本选取的波长点数、RMSECV 和各个波长点回归系数的变化情况分别如图 3-25a、图 3-25b 和图 3-25c 所示。图 3-25a 揭示了指数衰减函数 EDP 通过排除 CARS-PLS 预测模型中回归系数较小的波长点，从而提取其中有效特征变量的过程，前 11 次采样过程中，波长点减少的速度较快，随后逐渐趋于平缓，表明该算法在进行特征波长点选取过程中具有"粗选"和"精选"两个阶段。图 3-25b 反映了不同采样次数获取的特征波长点所建立回归模型的 RMSECV 变化情况，可知，第 72 次采样时 RMSECV 降至最低点，对应提取的特征波长点数为 47，回归系数分布如图 3-25c 所示。

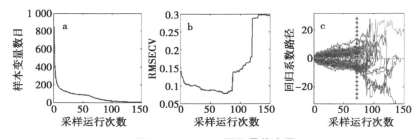

图 3-25　CARS 提取最优变量

图 3-26 为 CARS 算法提取的 47 个特征波长点在全波段 473~1 000nm 范围内的具体分布情况，主要分布在 473~480nm、530~540nm、550~600nm、650~680nm、720~740nm、760~840nm、860~870nm、900~910nm 和 960~1 000nm，可以看出，CARS 提取的特征波长点与 UVE 提取的特征波长点覆盖范围基本一致。观察发现，CARS 提取的波长点中回归系数较大值主要分布在 570~600nm、720~740nm 和 970nm 附近，而 596nm 和 970nm 处分别为氧合血红蛋白和水的吸收峰。可知，CARS 算法能够

提取的与真空包装冷却羊肉 pH 值相关的光谱特征波长信息。

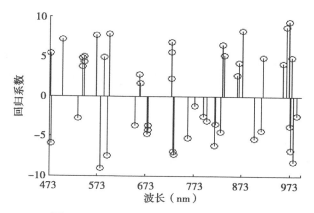

图 3-26 CARS-PLS 选取的最优波长点

5. SPA 筛选特征波长

SPA 算法运行前，将最小波长点的个数设置为 1，最大波长点的个数设置为 135，经过筛选可知，当 RMSECV 降至最小值时，其选取的特征波长点数为 48 个，具体分布情况如图 3-27 所示。

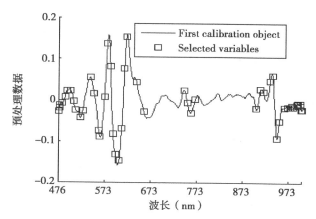

图 3-27 SPA-PLS 选取的最优波长点

由图 3-27 可知，SPA 算法提取的特征波长点主要分布在 473～530nm、550～670nm、750～770nm、900～1 000nm。与 UVE、CARS 两种算法的筛选结果相比较而言，三者获取的特征波长点分布区间相近，不同之处在于回归系数较大值的分布情况有区别。SPA 获取的回归系数较大的特征波长点主要分布在 550～600nm 附近，其中 550nm 和 596nm 处分别为脱氧肌红蛋白和氧合血红蛋白的吸收峰。表明 SPA 算法也提取了与羊肉 pH 值相关的特征光谱波长点。

（七）不同波段下的 PLS 模型效果比较

为比较不同特征波段下 PLS 模型效果，对 UVE、SCARS 和 SPA 提取的特征波长光谱数据分别建立对应的 PLS 回归模型，并与全波段 PLS（W-PLS）模型效果相比较，四者建模结果如表 3-18 所示。对于 W-PLS 和 SiPLS-PLS 模型，当潜变量因子数（LVs）均为 14 时，二者的 RPD 分别为 2.77 和 2.82，大于 2.5，表明利用这两个模型进行预测是可行的。此时 RMSECV 分别为 0.14 和 0.12，小于 SPA-PLS 筛选的 48 个变量所建立模型的结果，原因可能在于 SPA 在去除组内相关性变量的同时，也将某些不相关的无用变量保留了下来，从而降低了模型的效果。

对于 UVE-PLS 模型，建模所用的波长点数为 127 个，此时选用的 LVs 为 15，对应的 RPD 为 3.53，大于 3，表明该模型预测的预测效果较好。其 RMSECV 和 RMSEP 分别为 0.12、0.094，小于 W-PLS、SiPLS-PLS 和 SPA-PLS 的模型结果，但大于 GA-PLS 的模型结果。原因可能在于 UVE 通过引入随机噪声进行无效信息去除时，其引入的噪声对信息较弱的波段也产生了干扰作用，容易被当作噪声去除。

表 3-18　不同波段下 PLS 模型结果比较

模型	Points	LVs	Rcal	RMSEC	Rcv	RMSECV	Rp	RMSEP	RPD
W-PLS	846	14	0.97	0.078	0.91	0.14	0.93	0.12	2.77

（续表）

模型	Points	LVs	Rcal	RMSEC	Rcv	RMSECV	Rp	RMSEP	RPD
SiPLS-PLS	423	14	0.97	0.078	0.94	0.12	0.94	0.12	2.82
GA-PLS	210	12	0.98	0.069	0.95	0.10	0.97	0.083	3.85
CARS-PLS	47	13	0.98	0.062	0.96	0.089	0.98	0.068	4.88
UVE-PLS	127	15	0.97	0.073	0.96	0.12	0.96	0.094	3.53
SPA-PLS	48	14	0.96	0.095	0.89	0.15	0.93	0.12	2.74

与 GA-PLS 模型相比较，CARS-PLS 模型的 RMSECV 和 RMSEP 均较小，RPD 为 4.88，大于 3，且大于其他模型的 RPD 值。表明在所有的六个模型中，CARS-PLS 的预测性能最优，其最优的 LVs 为 13，Rcal、Rcv 和 Rp 分别为 0.98、0.96 和 0.98，RMSEC、RMSECV 和 RMSEP 分别为 0.062、0.089 和 0.068，预测 RPD 为 4.88（图 3-28）。

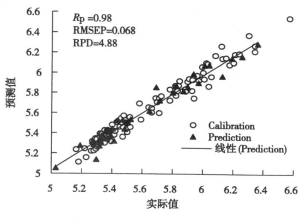

图 3-28　CARS-PLS 模型结果

第四节　pH 值空间分布的可视化

一、非真空包装冷却羊肉 pH 值的高光谱可视化分布图

基于 CARS 算法提取的 28 个特征波长点建立非真空包装冷却羊肉 pH 值的可视化分布图（图 3-29），为第 5 天编号 7-8 羊肉样本 pH 值的可视化分布图。观察发现整个样本的表面的 pH 值变化较为平缓，仅样品下边缘区域存在局部突变的现象，原因可能在于羊肉在经历了尸僵阶段后，其 pH 值已经降到了最低值（接近蛋白质的等电点 5.2~5.5），随后羊肉开始成熟，pH 值逐渐上升。而该样本的 pH 值为 5.30，正处于尸僵和成熟的过渡阶段，所以出现了部分区域 pH 值上升较大的情形。采用可视化分析技术预测得到了样品所有像素点的平均 pH 值为 5.26，与实际值较为接近，表明可视化分析技术可用于非真空包装冷却羊肉 pH 值的预测。

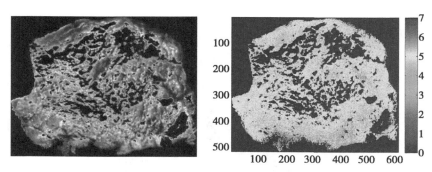

图 3-29　非真空包装冷却羊肉 pH 值可视化分布

二、真空包装冷却羊肉 pH 值的高光谱可视化分布图

基于 CARS 算法提取的 47 个光谱特征变量建立真空包装冷却羊肉 pH 值的可视化分布图，其计算公式为 $Y = X\beta$，其中 β 为回归系数，X 为高光谱图像中每个像素点的特征波长信息，Y 为图像中各点的 pH 值。

图 3-30 为第 13 天编号 14-6 羊肉样本 pH 值的可视化分布图，通过观察颜色的分布区域，可知纯肌肉部分（分布图左下方）的 pH 值要明显小于肌肉、脂肪相间区域的 pH 值，原因可能在于脂肪中含有大量的不饱和脂肪酸和甘油酯类物质，极易被氧化成醛、酮类物质，因而其酸性减弱，pH 值变大。本章节中羊肉样本的实际 pH 值为 5.52，分布图预测 pH 平均值为 5.60，预测 pH 值为 5.00~6.64，表明该分布图可以用于表示羊肉 pH 值的具体分布情况。

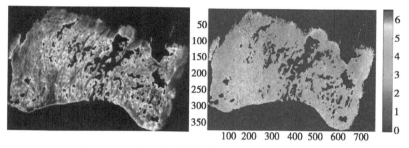

图 3-30　真空包装冷却羊肉 pH 值可视化分布

第四章　羊肉细菌总数（TVC）的高光谱图像定量分析检测

细菌总数是反映肉品被污染和腐败状况的重要指标，与肉的新鲜度密切相关。本章通过对比不同的光谱预处理方法的建模结果，确定最优的样品光谱预处理方法，采用多种光谱特征波段提取方法进行羊肉特征光谱的提取，同时建立对应的预测分析模型并解析其机理，确定真空包装冷却羊肉细菌总数的最优预测模型，基于优化模型建立羊肉细菌总数可视化分布图，实现羊肉 TVC 的定量分析检测。

第一节　TVC 在羊肉储藏过程中的变化规律

肉类产品在贮藏过程中微生物对品质变化起着重要的作用，所以了解冷却羊肉贮藏过程中的细菌数量和菌相变化对研究羊肉贮藏过程中的品质变化十分必要。国家标准规定：冷却羊肉一级鲜度细菌总数 $\leq 5 \times 10^4$ CFU/g，二级鲜度细菌总数为 $5 \times 10^4 \sim 5 \times 10^5$ CFU/g，变质肉菌落总数 $> 5 \times 10^5$ CFU/g。

为了清楚地掌握不同冷藏时间下真空包装冷却羊肉细菌总数的动态变化，研究采集 4℃ 每日所测多个样本细菌总数的平均值为当日羊肉的细菌总数实际值，对 1~22d 的羊肉细菌总数作统计分析，其结果如图 4-1 所示。可知，冷却羊肉细菌总数变化趋势较为明显，总体呈上升态势，并且先快速上升（1~10d），后缓慢上升（11~22d）。究其原因，初始阶段，肌肉中营养元素丰富，酸碱度环境适宜，促使细菌的快速增值。随着肉的不断成熟，蛋白质的一次分解产物（氨基酸，多肽）被进一步分解成小分子化合物，肉中营养物质逐渐减少，使得细菌的增值速度变得相对缓慢。

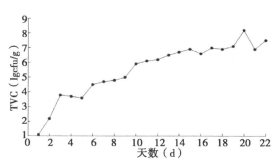

图 4-1　真空包装冷却羊肉细菌总数变化趋势

第二节　基于全波段 TVC 检测模型的建立与比较

一、样本的制备

样本取自新疆石河子西部牧业集团屠宰基地的小尾寒羊羊肉，由专业人员取羊肉的第 3 到第 7 脊椎处的外脊部位，羊肉均经过防疫检验，并使用医疗保险箱送回实验室。由人员戴上无菌手套对羊肉样本进行处理，取背脊肌肉部分，除去表面的脂肪筋膜和结缔组织，整理成 4cm×2cm×1cm 的肉块样本，约重 15 g。将样本依次装入编好号码后放置在 0~4℃下，试验共制备获得 150 个样本进行高光谱图像的采集及羊肉 TVC 含量的测定。

二、样本的 TVC 值测量和结果统计

高光谱图像采集（同第三章）完后，对羊肉细菌总数测定，测定前对实验室操作间进行约 30min 的紫外照射，并且将双人无菌操作台的紫外灯打开。细菌总数测定过程中，实验人员必须穿戴无菌实验服、手套，并用 75% 的酒精对手掌、手面等部位消毒，确保实验过程的规范

准确。

细菌菌落总数的测定参照《GB 47892—2010 食品安全国家标准 食品微生物学检验 菌落总数测定》，称取 10 g 肉样肌肉部分绞碎并置于 90ml 生理盐水中，采用均质机拍打 90s，按照 1∶10 比例连续稀释成多个梯度，选择 3~5 个适宜稀释度的样品匀液，各取 1 ml 分别加入含有琼脂培养基（MRS）的培养皿内，涂匀并置于 37 ℃恒温培养箱内培养 48 h。选取菌落数为 30~300 CFU 且长势较好的平板计算菌落总数。

实验选取了 150 个具有代表性的真空包装冷却羊肉样本，其 pH 值的统计结果如表 4-1 所示，其最大值和最小值分别为 8.60 和 1.08，平均值和标准偏差分别为 5.60 和 1.79。样品细菌总数大致以平均值为中心，呈高、中和低均匀分布。

表 4-1　真空包装冷却羊肉 TVC 统计结果

包装方式	样本数	最大值	最小值	平均值	标准偏差
真空包装	150	8.60	1.08	5.60	1.79

三、异常样剔除

对真空包装冷却羊肉细菌总数的建模样本（150 个）进行异常样的剔除。最终，将剩余的 144 个羊肉样本用于细菌总数的建模、预测和验证过程中。

四、建模样本集的划分

将剔除异常样后剩余的 144 个代表性羊肉样本按照递增方式排序后，以 3∶1 的比例选取 108 个样本作为后续建模的校正集，剩余 36 个样本作为预测集，羊肉细菌菌落总数的对数统计结果如表 4-2 所示，主要包括最大值、最小值、平均值和标准偏差，统计单位为 lg CFU/g。

表 4-2　羊肉细菌总数对数统计结果（lg CFU/g）

样品集	最大值	最小值	平均值	标准偏差
校正集（108）	8.60	2.00	5.77	1.64
预测集（36）	8.49	2.04	5.74	1.65

五、光谱数据预处理

采用"图像分割法"依次去除冷却羊肉样品图像的背景、亮点、脂肪和结缔组织，以获取与羊肉细菌菌落总数相对应的肌肉光谱信息，图 4-2 为 144 条冷却羊肉代表性原始平均光谱。在高光谱图像采集过程中，样品表面的粗糙容易导致光散射，同时光谱仪在工作过程中电流不稳定经常产生暗电流噪声，需要对所采集到的光谱数据进行预处理，以提高后期的模型精度。常用的预处理方法包括多元散射校正（MSC）、变量标准化（SNV）、Savitzky-Golay（S-G）平滑、1 阶或 2 阶导数（1D or 2D）、基线校正（baseline）、去势（Detrending）、中心化（mean-centering）和自动定标（autoscale）等，本章节采用了 1、2 阶导数（1D、2D）、S-G 平滑（S-G smoothing）、多元散射校正（MSC）、和中心化处理（mean-centering）5 种预处理方法。

六、不同预处理方法的 PLS 建模结果比较

采用上述预处理方法建立 PLS，结果如表 4-3 所示。交互验证均方根误差（RMSECV）是评价建模效果的关键指标，通过比较发现在 LVs 为 12 时，其 PLS 模型的 RMSECV 达到最小值的 0.79，所对应的最优预处理方法为 2D、S-G smoothing（13）和 mean-centering 相结合的方法。可知原始光谱经过 2D 去除基线和背景干扰、S-G smoothing 消除光谱随机噪声和 mean-centering 增强光谱数据之间的差异后，其预处理后的光谱更好地体现了羊肉样本的新鲜度变化情况。

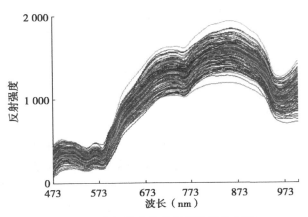

图4-2 冷却羊肉代表性原始平均光谱

表4-3 不同预处理方法的 PLS 建模结果比较

Preprocessing method	LVs	Rc	RMSEC	Rcv	RMSEV	Rp	RMSEP
None	18	0.89	0.74	0.78	1.04	0.69	1.27
mean-centering	20	0.90	0.70	0.80	1.00	0.73	1.13
MSC、mean-centering	17	0.91	0.69	0.81	0.97	0.77	1.05
1D、S-G (13)、mean-centering	15	0.92	0.65	0.83	0.92	0.80	0.99
2D、S-G (13)、mean-centering	12	0.97	0.43	0.88	0.79	0.86	0.86
1D、S-G (13)、MSC、mean-centering	15	0.93	0.60	0.84	0.90	0.77	1.07
2D、S-G (13)、MSC、mean-centering	11	0.96	0.43	0.87	0.80	0.85	0.91

第三节　基于特征波段 TVC 检测模型的建立与比较

一、样本的制备、测量、统计、异常样品的剔除和样本集的划分

样本的制备、TVC 值测量和结果统计、异常样品的剔除、样本集的划分同以上所述。

二、光谱特征波段提取

（一）SiPLS 特征波段提取

首先选用 SiPLS 进行特征区间的筛选，将全波段光谱分别分成如表4-4 所示的 12~22 个子区间。在子区间数为 19 时，其 RMSECV 达到最小值的 0.68，此时所选取的最优 LVs 和最优子区间分别为 15 和 ［1 3-9 12-17］，同时该区间组合所对应的特征波长为 473~500nm、530~730nm 和 784~954nm。而 550nm、560nm 和 596nm 附近分别为脱氧肌红蛋白、氧合血红蛋白和脱氧血红蛋白的吸收峰，910nm 附近为酸醇类物质的特征吸收波长。同时这几个波长点均在 SiPLS 所获得的特征区间内，因此得出 SiPLS 能够筛选出引起羊肉 pH 值变化特征光谱信息。

表 4-4　不同子区间选择的 SiPLS 模型分析结果

Number of intervals	LVs	Selected intervals	RMSECV
12	16	［2-5 6-11］	0.70
13	16	［2-6 8 10-13］	0.71
14	12	［3 6 7 9-11 13］	0.70
15	15	［1 3 4 6-12 14］	0.72
16	13	［1 3-8 10-12 14 16］	0.74
17	14	［1 3 4 6-8 10-13］	0.69
18	14	［1 3-5 7-9 11-16 18］	0.72

（续表）

Number of intervals	LVs	Selected intervals	RMSECV
19	15	［1 3-9 12-17］	0.68
20	15	［1 3 5-9 11 12 14 15 17］	0.71
21	13	［1 3 5 7 8 10 12 13 15 18］	0.69
22	13	［3-8 12 13 16 18］	0.71
23	14	［1 3-7 10 12 13 16 18 22］	0.70
24	13	［1 3 4 6 7 8 12-14 17 18 22 24］	0.72

（二）GA 特征波段提取

遗传算法是由美国密歇根大学 Holland 教授于 1962 年提出的一种模拟自然界遗传与生物进化机制的并行搜索方法，具有自组织、自适应和较好的收敛性。为提高高光谱模型精度，采用 GA 对全波段的 846 个波长点进行特征波段筛选，其主要参数设置为：种群大小设为 64 个个体，窗口宽度设为 5，初始变量数目设为 30%，最大代数为 100，收敛百分比为 40%，突变率为 0.005，同时采用 PLS 进行回归模型的建立，交互验证方法选取 contiguous block。为比较 contiguous block 方法下不同 splits 对 GA 运行结果的影响，将 splits 分别设置为 5~15，并建立对应的 PLS 回归模型，模型效果如表 4-5 所示。当选取不同的 splits 时，其最优 LVs 均为 11，且通过比较不同 splits 下的建模结果，得出 splits 为 9 时的 RMSECV 降至最小值 0.60。GA 所选取的 224 个最优波长点对应的回归系数如图 4-3 所示，其中较大的建模回归系数主要分布在 560~610nm、670~710nm 和 900~1 000nm 附近。羊肉在储存过程中，细菌的大量繁殖使得包装袋中的氧气大量消耗，阻止了氧和血红蛋白的形成。而在 560nm 和 596nm 处分别为脱氧血红蛋白、氧合血红蛋白的吸收峰，680nm 附近为酪氨酸的吸收峰；910nm 附近为 C-O 吸收峰，主要物质为羧酸和醇类；970nm 附近处为水吸收峰，其主要物质为胺类，可见 GA 能够筛选出引起羊肉细菌菌落总数变化的氧合血红蛋白、羧酸、醇和胺类物质所对应的光谱信息。

表 4-5　不同窗口数量下的 GA-PLS 运行结果

Splits	LVs	Rc	RMSEC	Rcv	RMSECV	Rp	RMSEP
5	11	0.97	0.41	0.91	0.66	0.90	0.70
6	11	0.98	0.36	0.93	0.61	0.90	0.72
7	11	0.97	0.37	0.92	0.63	0.90	0.72
8	11	0.97	0.37	0.92	0.64	0.90	0.73
9	11	0.98	0.35	0.93	0.60	0.92	0.65
10	11	0.97	0.38	0.92	0.66	0.92	0.66
11	11	0.97	0.39	0.91	0.66	0.91	0.68
12	11	0.97	0.36	0.93	0.61	0.90	0.70
13	11	0.97	0.38	0.92	0.65	0.92	0.65
14	11	0.97	0.38	0.92	0.63	0.92	0.66
15	11	0.97	0.37	0.92	0.64	0.92	0.64

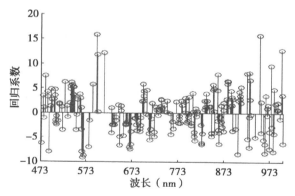

图 4-3　GA-PLS 选取的最优波长点

（三）UVE 特征波段提取

UVE 算法设置的随机噪声变量数为 846，回归分析模型为 PLS，变量筛选结果如图 4-4 所示，$x = 846$ 前后部分分别为原始特征变量和加入的随机噪声变量。通过去除界限内（$|y| = 20$）的无效变量，从而将界限外有效变量保留并建立对应的 PLS 回归分析模型。

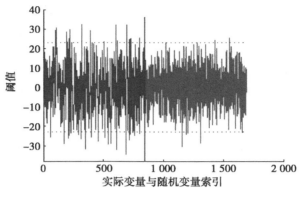

图 4-4　UVE 提取最优波长

　　UVE 筛选出的 55 个有效变量的分布情况如图 4-5 所示，主要分布在 550nm、580~600nm、660~700nm、730nm、760nm、800~860nm 和 910~1 000nm。与真空包装的冷却羊肉 pH 值经 UVE 筛选后的结果对比，发现二者提取的特征波长基本一致，不同之处主要在于回归系数较大值的分布不同，其原因可能是引起二者变化的主导物质不同。对图 4-5 分析可知，所选取的特征波长点回归系数较大值主要分布在 550nm、660nm、700nm 和 910nm 附近，而 550nm 处为脱氧肌红蛋白的

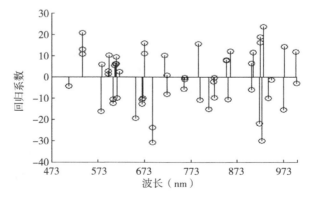

图 4-5　UVE-PLS 选取的最优波长点

吸收峰，660nm 为胺类物质的吸收峰，910nm 主要为酸醇类物质的吸收峰。表明 UVE-PLS 能够提取引起真空包装冷却羊肉细菌总数变化的物质光谱信息。

（四）CARS 特征波段提取

CARS 基本原理是基于指数衰减函数（EDP）和自适应重加权采样技术（ARS），优选出对应回归模型中相关系数较大的波长点集合。CARS 算法设置的蒙特卡洛（MC）采样次数为 145，选用的回归模型为 PLS，运行结果如图 4-6 所示。其 RMSECV 最小值所对应的波长点集合即为 CARS 提取的最优特征波段组合。

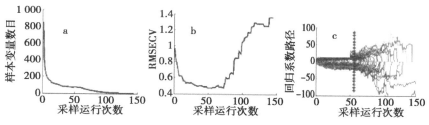

图 4-6　CARS 提取最优变量

图 4-6a、图 4-6b 和图 4-6c 分别表示 CARS 算法运行中，随着 MC 采样次数的增加，样本选取的波长点数、RMSECV 和各个波长点回归系数的变化。图 4-6a 反映了指数衰减函数 EDP 通过去除 CARS-PLS 模型中回归系数较小的波长点进行特征变量提取的过程，在前 12 次采样中波长点减少速度较快，随后减慢，表明算法在特征波长点选取中具有"粗选"和"精选"两个阶段。图 4-6b 中随着 MC 采样次数的增加，回归模型的 RMSECV 先减小后增大，在第 55 次采样时降至最低点，提取到的特征波长点数为 70，对应的回归系数如图 4-6c 所示。图 4-7 为 CARS 算法提取的 70 个最优波长点对应的回归系数具体分布情况，发现回归系数较大值主要分布在 570~610nm、680~700nm 和 910~980nm 附近，而 596nm、680nm、910nm 和 980nm 处分别为氧合血红蛋白、酪氨酸、羧酸和胺类物质的吸收峰，表明 CARS 算法可以提取出与细菌菌

落总数相关的特征波长点。

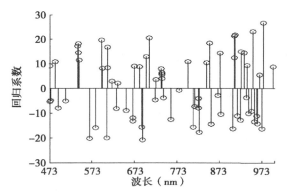

图 4-7 CARS-PLS 选取的最优波长点

（五）SPA 特征波段提取

SPA 算法运行前，其波长点范围设置为 1 到 846，由其筛选过程可知，当 RMSECV 降至最小值 0.96 时，其选取的 17 个特征波长点的具体分布情况如图 4-8 所示。

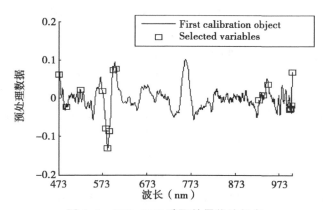

图 4-8 SPA-PLS 选取的最优波长点

由图 4-8 可知，SPA 算法提取的 17 个特征波长点主要分布在 473 ~ 510nm、550 ~ 600nm、930 ~ 950nm 和 990 ~ 1 000nm，其中 550nm 和 596nm 处分别为脱氧肌红蛋白和脱氧血红蛋白的吸收峰。与 SiPLS、GA、UVE 和 CARS 四种算法的筛选结果相比较而言，SPA 获取的特征波长点数明显较少，且存在部分回归系数较大值的波长点被舍去的现象。表明此处 SPA 算法仅提取了部分与羊肉细菌总数相关特征光谱波长点。

（六）不同波段下 PLS 模型效果比较

为比较不同波段下的 PLS 模型效果，分别对 GA、CARS 和 PCA 算法所提取的特征波段建立对应的 PLS 模型，并与 W-PLS（全波段 PLS）模型效果相比较，建模结果如表 4-6 所示。

表 4-6　不同波段的 PLS 模型结果

Models	Points	LVs	R_c	RMSEC	R_{cv}	RMSECV	R_p	RMSEP	RPD
W-PLS	846	12	0.97	0.43	0.88	0.79	0.86	0.86	1.92
SiPLS-PLS	616	15	0.98	0.33	0.91	0.68	0.85	0.91	1.99
GA-PLS	224	11	0.98	0.35	0.93	0.60	0.92	0.65	2.55
UVE-PLS	55	13	0.95	0.49	0.91	0.70	0.89	0.77	2.34
CARS-PLS	70	13	0.98	0.29	0.96	0.46	0.96	0.47	3.58
SPA-PLS	17	12	0.87	0.81	0.81	0.96	0.86	0.85	1.81

对于 W-PLS 和 SiPLS-PLS 模型，当潜变量因子数（LVs）分别为 12 和 15 时，二者的 RPD 分别为 1.92 和 1.99，均小于 2.5，表明 W-PLS 和 SiPLS-PLS 两个模型的预测能力较低。其 RMSECV 均远小于 SPA-PLS 的模型结果。原因可能是 SPA 在进行特征波长提取时其 RMSECV 达到了局部最小值，从而导致部分有效变量被剔除的现象。

对于 UVE-PLS 模型，建模所用的波长点数为 55，当潜变量因子数

（LVs）达到 13 时，其 RMSECV 为 0.70，RMSEP 为 0.77，均远大于 GA-PLS 的建模结果，表明 GA-PLS 获取的 224 个波长点的模型预测效果较好，原因可能是 UVE 在进行特征波段提取时，其本身加入的噪声信息就具有一定的随机性，容易导致部分有效信息被掩埋，从而降低了模型预测效果。

对于 GA-PLS 模型，选取 11 个 LVs 时，RPD 为 2.55，介于 2.5~3 之间，表明采用该模型进行预测是可行的。其 RMSECV 和 RMSEP 分别为 0.60 和 0.65，均远大于 CARS-PLS 所选取的 70 个特征波长点的建模结果。原因可能是 GA-PLS 选取的 LVs 较少，致使模型欠拟合。CARS-PLS 选取的最优 LVs 为 13，校正集的相关系数 R_c 和均方根误差 RMSEC 分别为 0.98 和 0.29，交互验证的相关系数 R_{cv} 和均方根误差 RMSECV 分别为 0.96 和 0.46，预测集的相关系数 R_p 和均方根误差 RMSEP 分别为 0.96 和 0.47（图 4-9）。其预测分析误差 RPD 为 3.58，大于 3，表明 CARS-PLS 模型的预测效果很好，可用于实际检测。

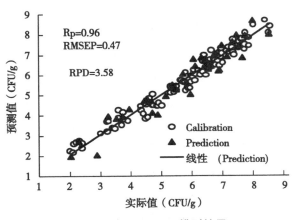

图 4-9　CARS-PLS 模型结果

第四节　TVC 空间分布的可视化

　　基于 CARS 算法获取与羊肉细菌总数（TVC）相对应的 70 个光谱特征变量，建立真空冷却羊肉细菌总数的可视化分布图。图 4-10 为第 13 天编号 14-6 羊肉样本细菌总数的可视化分布图，可见，不同位置的羊肉细菌总数范围变化较大，但其对数值总体为 4~7，其原因可能是由于该时段羊肉正由次新鲜逐渐变为腐败。实际测得的羊肉细菌总数对数值为 5.93，可视化分布图的各像素点的平均值为 5.16，PLS 模型的预测对数值为 5.18，表明该分布图能够用于羊肉样本各像素点细菌总数的预测分析。

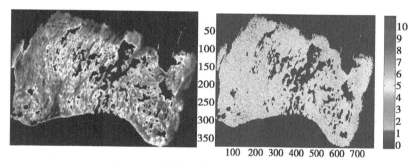

图 4-10　羊肉细菌总数的可视化分布

第五章 羊肉挥发性盐基氮（TVB-N）的高光谱图像定量分析检测

TVB-N 含量是肉类物质在储藏过程中，由于蛋白质的分解而产生挥发性的碱性含氮物质，此类物质随样本腐败程度的增加而增加，且能够被酸性物质所吸收，通常被作为评价羊肉新鲜度的理化参考指标。本章利用高光谱图像技术和各种化学计量方法，比较全波段下不同建模方法、感兴趣区域选择和不同的特征波长选择对所建模型效果的影响，基于优化模型建立羊肉挥发性盐基氮可视化分布图，实现羊肉挥发性盐基氮（TVB-N）的定量分析检测。

第一节 TVB-N 在羊肉储藏过程中的变化规律

TVB-N 是外界微生物污染肉品后，随着微生物生长繁殖使其进入了肉品的深层组织，由于微生物生长引起的脱羧、脱氨作用导致蛋白质的分解而形成的产物，国家标准规定：一级鲜肉 TVB-N $\leqslant 15\text{mg}/100\text{g}$，二级鲜肉 TVB-N 为 $15 \sim 25\text{mg}/100\text{g}$，腐败肉 TVB-N $\geqslant 25\text{mg}/100\text{g}$。

为了更加清晰地了解非真空包装冷却羊肉在储藏期间的 TVB-N 动态变化，研究采集 $4\,^{\circ}\!\text{C}$ 下每日所测多个样本 TVB-N 的平均值为当日羊肉的 TVB-N 实际值，对 $1 \sim 14\text{d}$ 的羊肉 TVB-N 值作统计分析，其统计结果如图 5-1a 所示。冷却羊肉随时间的延长 TVB-N 含量极显著增加。冷藏条件下羊肉储藏 6d 后的 TVB-N 含量达 $14.95\text{mg}/100\text{g}$，接近新鲜肉标准上限（$\leqslant 15\text{mg}/100\text{g}$），储藏 7d 后羊肉的 TVB-N 含量达到 $17.20\text{mg}/100\text{g}$；储藏 9d 后羊肉的 TVB-N 含量达到 $23.45\text{mg}/100\text{g}$，储藏 10d 后达到 26.54mg/100g，羊肉在储藏 9-10d 内 TVB-N 含量已超过变质肉标准（≥25mg/100g）。

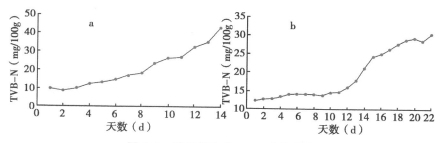

图 5-1　冷却羊肉 TVB-N 变化趋势

图 5-1b 真空包装冷却羊肉的 TVB-N 值变化曲线，可以看出，前 10d 增长很缓慢，第 10 的值达到 14.56mg/100g，接近新鲜肉标准上限（≤15mg/100g），储藏 15d 后羊肉的 TVB-N 含量达到 24.36mg/100g，储藏 16d 后达到 25.07mg/100g，羊肉在储藏 15~16d 内 TVB-N 含量已超过变质肉标准（≥25mg/100g）。

第二节　基于全波段 TVB-N 检测模型的建立与比较

一、样本的制备

样本取自新疆石河子西部牧业集团屠宰基地的小尾寒羊羊肉，由专业人员取羊肉的第 3 到第 7 脊椎处的外脊部位，羊肉均经过防疫检验，并使用医疗保险箱送回实验室。由人员戴上无菌手套对羊肉样本进行处理，取背脊肌肉部分，除去表面的脂肪筋膜和结缔组织，整理成 5cm×4cm×1cm 的肉块样本，将样本依次装入编好号码后密封在真空蒸煮袋内，然后将样本放置在 0~4℃下，并经过 1~14d 储藏，试验共制备获得 72 个样本进行高光谱图像的采集及羊肉 TVBN 含量的测定。

二、羊肉样品的漫反射高光谱图像采集

搭建的高光谱图像采集系统主要由成像仪（ImSpector V10E，芬兰）、CMOS 相机（MV-1024E，Rocketech 科技）、光源（3 900，Illumination 科技）、样品移动装置（DP23000Y，北京连胜实验装备有限公司）、遮光黑箱、图像采集卡和计算机等组成。其光谱分辨率为 2.8nm，该系统获得的光谱为 400~1 000nm。

为了确保图像清晰、最强的吸收峰不饱和，将高光谱相机的曝光时间和光源的光强分别设定为 10ms 和 11 750lx。为了避免图像尺寸和空间分辨率的扭曲和失真，摄像仪和样品的间距大约调整为 50cm，平移台的转速设定为 520pulses/s。

由于光强的不均匀分布和相机暗电流的影响，高光谱图像中包含有噪声信号，需要进行黑白校正。通过依次扫描白、黑校正板获得白校正图像 W 和黑校正图像 B。最终采集的样品校正图像通过相对图像 RI 乘以 4 095 得到。其中 RI=$(I-B)/(W-B)$，而 I 为采集的原始图像。

当系统工作时，线阵扫描器在光学焦平面的垂直方向（样品前进方向）作横向扫描，获得条状空间中每个波长下各像素点的图像信息。随着平移台的前进，线阵扫描器扫过整个羊肉样品，并最终获得其高光谱图像信息。实验中，羊肉样品从冰箱中取出，静置在空气中 20min，并擦去羊肉表面的水分，再进行高光谱图像的采集。

三、样本的 TVB-N 测量和结果统计

TVB-N 含量的测定采用《肉及肉制品卫生标准的分析方法》（GB/T 5009.44—2003）的国家标准进行测定，一般使用半微量定氮法进行测定。其具体步骤如下。

（一）样本处理

将羊肉样本去除脂肪、筋膜和结缔组织后，绞碎搅匀，称取 10g，放置在锥形瓶中并加入 100ml 的蒸馏水，将锥形瓶放置在摇床中约 30min，摇床转速为 120r/min。30min 后将锥形瓶从摇床中取出，用滤纸过滤，将过滤后的液体放置在 4℃的冰箱中备用。

（二）蒸馏和滴定

将盛有 10ml 吸收液及 5~6 滴混合液的锥形瓶放置于冷凝管下端，并使其下端插入吸收液的液面下，准确吸取 5ml 上述试样滤液于蒸馏器反应室内，加 5ml 氧化镁混悬液（10g/L），迅速盖塞，并加水以防止漏气，通入蒸汽，进行蒸馏，蒸馏 5min 即可停止，吸收液用盐酸标准滴定溶液（0.01mol/L）滴定溶液滴定，终点至蓝紫色，同时进行对比试验。

结果计算公式：

$$X = \frac{(v_1 - v_2) \times c \times 14}{m \times \dfrac{5}{100}} \times 100 \qquad (5-1)$$

式（5-1）中，X 为实验样本中挥发性盐基氮（TVB-N）的含量，单位为毫克每百克（mg/100g）.

v_1：为滴定前标准盐酸溶液的体积，单位为毫升（ml）；

v_2：为滴定终点标准盐酸溶液的体积，单位为毫升（ml）；

c：为盐酸的实际浓度，单位为摩尔每升（mol/L）；

m：试验样本的质量，单位为克（g）；

14：与 1ml 盐酸标准滴定溶液相当的氮的含量，单位为毫克（mg）。

每个样品在高光谱图像采集之后，根据国标中的半微量定氮法测定了其中的 TVB-N 含量。考虑到实际影响因素，在测试过程中对其做了略微修正，将蒸馏时间增加到约 15min 以蒸发出所有的氨气，将盐酸滴定液的浓度减少到 0.001mol/L 以提高滴定精度。每个样品的 TVB-N 都至少测定 2 次，并确保两次结果的差异低于其平均值的 10%，最终以该平均值作为 TVB-N 的标准值。测量的样品 TVB-N 含量为 10.43~40.81mg/（100g）。利用学生残差—杠杆值法去除异常样品后，依据 TVB-N 的含量梯度，按照 3∶1 的比例分别获得 52 个定标集样品和 17 个预测集样品。表 5-1 所示为校正集和预测集中羊肉 TVB-N 的统计分析结果，主要包括样品个数、TVB-N 均值、标准偏差、最大含量和最小含量等。

表 5-1　羊肉样品组 TVB-N 含量统计分析

样本集	数量	均值 （mg/100g）	标准偏差 （mg/100g）	最小含量 （mg/100g）	最大含量 （mg/100g）
校正集	52	21.09	8.00	10.43	40.90
预测集	17	21.64	8.38	10.53	40.81

四、代表性光谱和建模谱区范围的选择

随着储存时间的增加，羊肉的肌肉颜色和理化成分同时发生了改变。ROIs 取自于每个样品的肌肉中心区域，包括大约 2 500 个像素点。为了获得准确的代表性光谱，在获取 ROIs 时要尽量避免脂肪区域及由于残余水分带来的明显发亮的区域。以 ROIs 中所有像素点的平均光谱作为每个样品的代表性光谱，所有样品的光谱集如图 5-2 所示。在 450.3nm 之前的区域，存在着较低的光谱响应值和较大的噪声。因此光谱建模主要选择在 450.3~1 000.5nm。

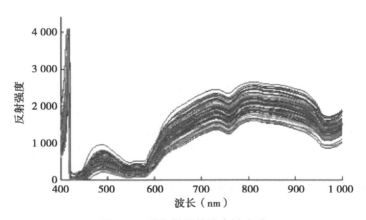

图 5-2　所有样品的代表性光谱

五、预处理方法的选择

在高光谱成像系统采集样本图像的过程中，不可避免地要受到成像光谱仪自身的系统误差影响，还会受到外界温度、图像采集的时间、背景色的设置以及输送装置等外界环境的影响。所有这些影响因素都会对采集得到的图像信息的分析工作带来很多不必要的麻烦，所以在通过ENVI 软件提取羊肉样本的感兴趣区域（ROI）光谱数据后，需要对得到的光谱数据进行预处理，以提高模型的准确性和适应度。

为了去除干扰信号和显示光谱中的特征信息，应当对光谱进行预处理。常用的预处理方法包括多元散射校正（MSC）、变量标准化（SNV）、Savitzky-Golay（S-G）平滑、1 阶或 2 阶导数（1D or 2D）、基线校正（baseline）、去势（Detrending）、中心化（mean-centering）与自动定标（autoscale）等。根据 R、SEC 和 SEP 等参数，对上述不同的预处理方法及其组合进行比较研究，最后确定的预处理方法如表 5-2所示。PLSR 和 PCR 两种方法具有几乎相同的最优预处理方法，都包括MSC、1D、mean-centering 和 S-G 平滑，其区别在于分别使用了 15 点和 13 点平滑。逐步线性回归方法（SMLR）所选定的最优预处理方法为 MSC，19 点 2 次 S-G 平滑和 mean-centering 处理。

六、不同建模方法对模型的影响

采用上述选定的最优预处理方法，通过比较不同的回归方法，包括SMLR、PCR 和 PLSR，建立 TVB-N 的校正模型，并用预测集进行了验证。其建模结果与验证结果如表 5-2 所示。

表 5-2　不同回归方法的 TVB-N 最优建模结果

建模方法	预处理方法	波长 （nm）	LVs	R	SEC （mg/ 100g）	r	SEP （mg/ 100g）	RPD
SMLR	MSC+S-G（19，2） +mean-centering	588.1，946.8，653.7，790.1， 955.7，505.3，584.3，788.2， 721.9，958.9，969.1，998.4	—	0.89	3.52	0.83	4.43	1.83

（续表）

建模方法	预处理方法	波长 (nm)	LVs	R	SEC (mg/100g)	r	SEP (mg/100g)	RPD
PCR	MSC+S-G (13, 2) +1D+mean-centering	460.4~991.6	15	0.89	3.58	0.93	3.28	2.47
PLSR	MSC+S-G (15, 2) +1D+mean-centering	460.4~991.6	11	0.92	3.00	0.92	3.46	2.35

对于 SMLR 模型，当采用 12 个波长点（588.1nm、946.8nm、653.7nm、790.1nm、955.7nm、505.3nm、584.3nm、788.2nm、721.9nm、958.9nm、969.1nm 和 998.4nm）时，所建立的模型效果最好。但该模型预测集 SEP 为 4.43mg/（100g），远大于 PLSR 和 PCR 的建模结果。其原因可能在于 SMLR 方法仅使用了有限波长点处的光谱信息进行回归，容易导致欠拟合。

最优的 PLSR 模型选择的谱区为 460.4~991.6nm，使用了 11 个潜变量因子（LVs），其校正集的相关系数 R 和校正标准差 SEC 分别为 0.92 和 3.00mg/（100g），而预测集的相关系数 r、预测标准差 SEP 和相对分析误差 RPD 分别为 0.92、3.46mg/（100g）和 2.42。最优的 PCR 模型与 PLSR 模型的谱区范围相同，使用了 15 主成分因子（PCs），其校正集的 R 和 SEC 分别为 0.89 和 3.58mg/（100g），而预测集的 r、SEP 和 RPD 分别为 0.93、3.28mg/（100g）和 2.55。

所建立的 PLSR 和 PCR 模型都可以得到羊肉 TVB-N 的定量分析结果，且预测集的评价结果相差不大。然而 PLSR 仅用了 11 个潜变量因子，少于 PCR 使用的因子数；且在原理上 PLSR 建模过程中比 PCR 使用了更多的化学值信息。因此最终选择 PLSR 模型预测分析羊肉的 TVB-N 含量，由其得到的校正集与预测集样品的 TVB-N 实际值与预测值间的相关分析分别如图 5-3 所示。

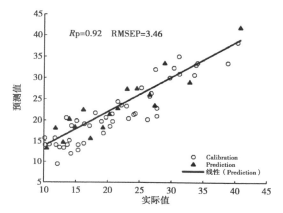

图 5-3 PLSR 模型下 TVB-N 实际值和预测值的分布

第三节 基于特征波段 TVB-N 检测模型的 建立与比较

高光谱成像系统（400~1 000nm）获取的样品数据信息量庞大，夹杂了大量噪声信息和共线性信息，不利于后期对研究对象开展快速在线检测，同时影响了模型的建模效率和预测精度。通过光谱特征提取，可找到对建模起关键作用的特征变量以实现模型的优化与简化，同时有助于分析样品的光学检测机理，为开发出成本更低、结构更简单的多光谱检测设备提供理论基础。

一、样本的制备和高光谱图像采集

样本制备和高光谱图像的采集过程同上一节。

二、样本的 TVB-N 测量和结果统计

羊肉 TVB-N 值测定试验参照中国国家标准 GB/T 5009.44（2003），采用的是半微量定氮法。各样品将进行两次挥发性盐基氮测定，取两者平均值作为该样品的 TVB-N 值，确保误差低于平均值的 10%。所有样

品的挥发性盐基氮含量为 $10.43\sim40.81$mg/（100g）。样品包括 384 个校正集，128 个预测集以及 68 个半独立验证集。校正集、预测集和半独立验证集的 TVB-N 测定值统计结果如表 5-3 所示，包括平均值、标准偏差及最大含量和最小含量。

表 5-3　羊肉样品 TVB-N 含量的测定结果

样本集	数量	均值 （mg/100g）	标准偏差 （mg/100g）	最小含量 （mg/100g）	最大含量 （mg/100g）
校正集	384	23.20	8.21	10.53	40.81
预测集	128	23.33	8.27	10.53	40.81
半独立验证集	68	21.61	8.15	10.43	40.81

三、特征波长建模方法比较

在比较特征波长之前，首先采用图像分割法获取羊肉样品纯肌肉区域的 ROIs，对 54 个样品的像素点依序各提取 10 条光谱，去除异常值后共得到 512 条光谱组成校正集（384 个）和预测集（128 个），另外所有 68 个样品的 ROIs 平均光谱组成了半独立验证集。

（一）单一特征方法提取建模比较

1. 基于 CARS 和 GA 的比较

由于样品原始光谱信息存在噪声和基线漂移，因而在变量筛选前需进行预处理。全波段变量较多，建模效率非常低。本研究将分步进行光谱特征变量筛选，寻找对建模起重要作用的特征变量，以建立快速准确的羊肉 TVB-N 预测模型。CARS 参数设置为：蒙特卡洛抽样次数为 50，变量数为 384。GA 参数设置为：初始群体个数为 64，窗口宽度为 5，变异率为 0.05，遗传迭代次数为 100 代，运行次数为 5 次。CARS 进行光谱特征变量筛选时，当蒙特卡洛采样运行次数为 20 次时 RMSECV 值最低，光谱变量数降为 81，相比全波段降低了 90.45%。其变量筛选分布情况如图 5-4a 所示，回归系数图如图 5-4b 所示。GA 筛选出 215 个光谱变量时其 RMSECV 值最低，其变量筛选情况如图 5-4c 所示，回归系数图如图5-4d 所示。比较图 5-4a 和图 5-4c，CARS 筛选的变量虽少但在全波长范围内分布更广。GA 算法以目标适应度函数作为判据对变量群体进行运算，优选特征变量，以达到寻求最优解的目的。而 GA 在多数波长范围内均未选取变量，是由于 GA 在局部具有较差的搜索能力，且以设定的窗口宽度来选取变量，筛选的变量中存在共线性信息。从图 5-4b 和图 5-4d 可发现 CARS 筛选的变量其回归系数绝对值多数分布在 20 以上，而 GA 则多数分布在 20 以下，由此表 CARS 筛选的变量对样品 TVB-N 值的影响较大。

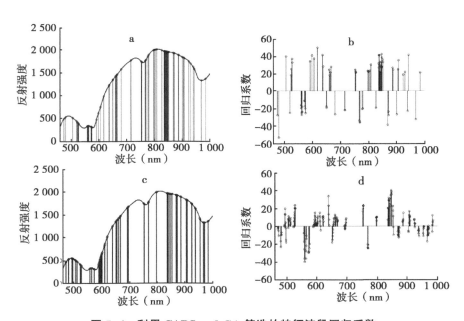

图 5-4　利用 CARS and GA 筛选的特征波段回归系数

2. 模型比较分析

CARS 和 GA 结合 PLS 模型分别建立 CARS-PLS 和 GA-PLS，模型效果如表5-4所示。CARS 和 GA 筛选的变量数分别占全波段的 9.55%和 25.35%。GA-PLS 与 CARS-PLS 较 W-PLS 相比，模型效果整体得到改善，其 RMSEC 值、RMSECV 值和 RMSEP 值均得到降低，同时对半独立验证集的预测性能较好。CARS 将每个变量视作独立的个体，并对不适应的个体进行逐个淘汰，而 GA 是对群体内个体进行重组优化来优选变量。GA 比 CARS 多筛选了 134 个变量，而 CARS-PLS 模型效果更优于 GA-PLS，表明 GA 筛选的变量其间可能夹杂了大量共线信息和冗余信息，而影响了模型的预测性能。CARS-PLS 模型的 RMSEC、RMSECV、RMSEP 和 RMSEV 较低于 GA-PLS，R_C、R_{CV}、R_p 和 R_V 分别为 0.95、0.94、0.91 和 0.92。综上，CARS 较优于 GA，CARS-PLS 为最优模型，其实测值同预测值的分布情况如图 5-5 所示。

表 5-4　基于光谱特征波段选择预测羊肉样品 TVB-N 的三种模型比较

模型	波长点数	RMSEC	R_C	RMSECV	R_{CV}	RMSEP	R_P	RMSEV	R_V
W-PLS	848	2.70	0.94	3.30	0.92	3.45	0.91	3.58	0.91
GA-PLS	215	2.63	0.95	2.97	0.93	3.45	0.91	3.38	0.92
CARS-PLS	81	2.49	0.95	2.76	0.94	3.39	0.91	3.27	0.92

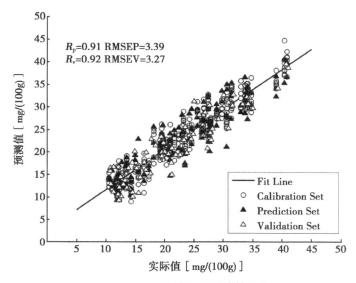

图 5-5　实际值和预测值的分布

（二）联合特征方法提取建模比较

1. CARS-RC、CARS-SPA 和 CARS-SR 组合比较

CARS 和 GA 均可实现数据高效降维并提高模型稳定性和预测性能，但保留的光谱变量数仍较多。为获得较少的变量，在 CARS 筛选的基础上进行 RC、SPA 和 SR 的二次变量筛选，得出最佳的简化模型。RC、SPA 和 SR 筛选得到的光谱变量数目分别为 16、14 和 12。三种方法的变量回归系数图分别如图 5-6a、图 5-6b 和图 5-6c。SR 筛选的变量中有 10 个变量的回归系数绝对值大于 50，而 RC 有 7 个变量，SPA 仅 4 个变量。以上表明，SR 筛选的光谱变量携带了更多光谱特性信息，同 TVB-N 的相关性更高。SR 选取的光谱特征变量分布在光谱反射波峰和波谷附近，选取的变量分别为 527nm、571nm、605nm、637nm、649nm、753nm、770nm、799nm、809nm、838nm、848nm 和 969nm。

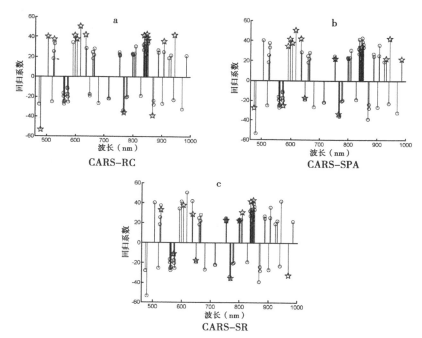

图 5-6 CARS 分别联合 RC、SPA 和 SR 提取的变量分布

527nm 和 605nm 分别与氧合肌红蛋白和氧合血红蛋白相关，而 637nm 则与高铁血红蛋白和高铁肌红蛋白中血红素的氧化相关。SR 筛选的 770nm 和 799nm 分别与有机物中 C—H 的四级倍频和 N—H 的三级倍频 吸收带相关。由于受到蛋白质中 C—H 拉伸倍频和水分子中 O—H 拉伸 倍频的综合作用，809nm 处具有较高的光谱反射值。753nm 和 969nm 分别在水分子中 O—H 的三级和二级倍频吸收带附近。以上验证光谱信 息同样品组分紧密相关。三种方法筛选的变量虽不完全相同，但可发现 各方法均筛选出了一些波长比较接近具有意义的变量。

2. 模型比较分析

利用上述三种方法结合 MLR 建立预测模型，模型效果如表 5-5 所示。SR 变量数最少，但 CASR-SR-MLR 模型效果最优，表明变量 的组合作用能带给模型更高的稳定性及预测性能。CASR-SR-MLR 的 RMSEC、RMSECV、RMSEP 和 RMSEV 均低于 CASR-RC-MLR 和 CASR-SPA-MLR，其 R_{CV} 和 R_P 分别为 0.89 和 0.88。利用半独立验证集用来 检验 CASR-SR-MLR 的稳定性和预测性得到了较好的成果，其 RMSEV 值和 R_V 值分别为 4.12 和 0.87。CARS 组合 SR 筛选的变量数 仅占全波段的 1.42%，但模型的稳定性和预测能力仍较好，表明有效 光谱特征方法组合筛选变量可在保障模型预测能力的前提下简化模 型。综上，CASR-SR-PLS 是最佳的简化模型，可实现对羊肉样品中 TVB-N 含量的较准确预测，其实测值同预测值的分布情况如图 5-7 所示。

表 5-5　基于光谱特征波段选择预测羊肉样品 TVB-N 的三种模型比较

模型	波长点数	RMSEC	R_C	RMSECV	R_{CV}	RMSEP	R_P	RMSEV	R_V
CARS-RC-MLR	16	4.90	0.80	5.12	0.78	4.80	0.82	5.33	0.76
CARS-SPA-MLR	14	4.52	0.84	4.71	0.82	4.45	0.85	4.52	0.85
CARS-SR-MLR	12	3.64	0.90	3.77	0.89	3.91	0.88	4.12	0.87

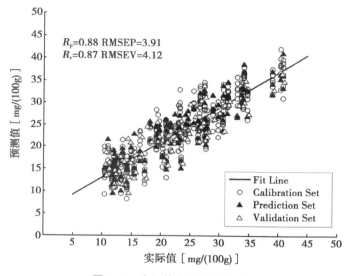

$R_p=0.88$ RMSEP=3.91
$R_v=0.87$ RMSEV=4.12

图 5-7　实际值和预测值的分布

第四节　TVB-N 空间分布的可视化

TVB-N 含量可通过预测模型计算出来，可评价样品整体新鲜度，但无法了解样品在储藏过程中腐败的过程和分布情况。而可视化可以通过模型可计算每个像素点对应的 TVB-N 含量值和每个像素点依据TVB-N 值的高低以不同颜色呈现，利用图像处理技术绘制其成分分布图。通过成分分布图，有助于直观评价不同羊肉样品的新鲜度，便于观察整体的分布情况和各局部的腐败程度。

本研究利用 CARS-PLS 和 SR-MLR 均可实现每个像素点所对应TVB-N 值的较准确预测。图 5-8a 展示了三类不同新鲜度羊肉样品的原始高光谱图像，图 5-8b 则展示了利用 CARS-PLS 绘制所对应样品的TVB-N 成分分布图。样品高光谱图像中，难以辨别出三者新鲜度的差异，而在成分分布图中可由颜色的深浅及分布情况来直观了解样品腐败的情况。蓝色表示较低的 TVB-N 值，表明肉品越新鲜，而红色表示较高的 TVB-N 值，表明肉品处于腐败状态。成分分布图中可观察到各像素点 TVB-N 值的分布是不均匀的。造成这种现象的原因可能是肉品质地不均匀，且 TVB-N 的积累过程比较复杂，牵涉含氮组分的分解，同时受到样品不同部位存在不同分解速度的影响。羊肉样品的边缘更易于被污染，因而往往计算出更高的 TVB-N 预测值。对于腐败样品，其内部蛋白质已较大程度地被分解，整体趋于红色，表明样品不再新鲜。通过可视化分布图，可直观地评价羊肉的新鲜程度，有助于快速和直观地了解不同样品及同一样品不同部位的腐败情况，实现对羊肉新鲜度的有力监测，从而强化羊肉产品的质量控制与产品安全。

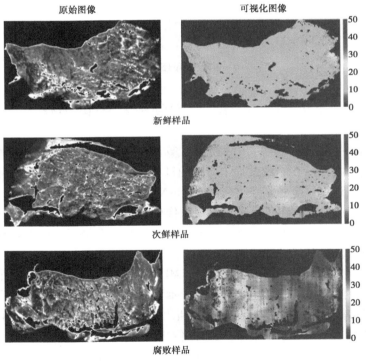

图 5-8　羊肉的高光谱原始图像和可视化分布

第六章　羊肉颜色参数的光学定量分析检测

羊肉外观颜色改变和肌红蛋白的氧化密切相关，放置时间的增加会使肉品红色和光泽发生变化，是羊肉物质在储藏过程中最直观的感官评定指标，与肉的新鲜度密切相关。本章利用高光谱图像、近红外技术和各种化学计量方法，通过比较全波段下不同样本集划分、预处理方法、建模方法和不同的特征波长选择对所建模型效果的影响，实现羊肉颜色定量分析检测。

第一节　颜色参数在羊肉储存过程中的变化规律

肉的颜色是由肌肉中的色素物质肌红蛋白和血红蛋白的含量与变化状态所决定，肌红蛋白与氧结合为氧合肌红蛋白，肉色变为紫红色，继续氧化，Fe^{2+}变为Fe^{3+}，生成氧化肌红蛋白，颜色为红褐色。

4℃下真空包装冷却羊肉的颜色变化如图6-1至图6-3所示。从中可以看出，羊肉的L^*值、a^*值与其存放时间基本存在着线性关系，而这与丁武、魏益民的研究结果相一致。随着贮藏时间的延长，冷却羊肉的亮度L^*和红度a^*持续下降。黄度b^*随着贮藏天数的增加总体呈上升趋势，可能与样品中脂质氧化程度加深有关。另外，由于肌肉表面微生物代谢产生硫化氢。硫化氢、氧与肌红蛋白结合形成硫化肌红蛋白，在光线的反射下硫化肌红蛋白会使肌肉的黄度升高，造成肌肉品质下降。从侧面反映出羊肉随着贮藏时间的延长品质逐渐下降。

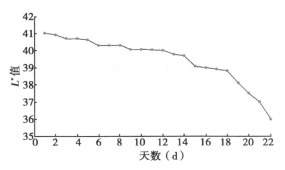

图 6-1　亮度 L^* 随贮藏时间的变化

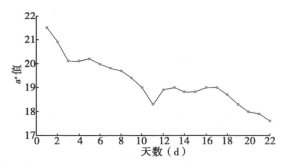

图 6-2　红度 a^* 随贮藏时间的变化

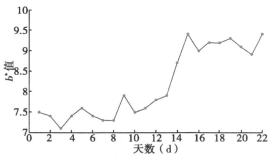

图 6-3　黄度 b^* 随贮藏时间的变化

第二节 羊肉颜色参数的近红外定量检测

一、样本的制备

试验所用冷却羊肉来自新疆西部牧业牛羊肉屠宰基地。取羊背脊肉，使用专用冷藏保温箱把选取的样品运回实验室，戴一次性无菌手套，选取纹理较好，脂肪和筋膜较少的大肉块，使用杀菌后的刀片对其进行分割，尺寸约为 4cm×4cm×1cm。共计 155 个样品。将样品依次装入袋中抽真空密封并在包装带上标号，置于 4℃冰箱中保存 1~20d。

二、样本的颜色测量和结果统计

样本的近红外光谱采集完后（采集过程同第三章）对颜色亮度 L^* 测量。测定前，对 WSC-S 测色色差计（上海精密仪表仪表公司）进行校零和黑白校正，预热后再次黑白校正，然后再将测试头置于盛有剪碎羊肉的器皿上对其采集颜色，转动器皿对样品测 6 个点，取均值。

WSC-S 测色色差计使用非常方便，不需要外部连接电脑，其内部的数据处理模块能够直接计算并通过显示屏显示样本的颜色参数，使用范围广泛。它主要由照明模块、探测模块和数据处理模块组成。

对 155 个样连续 1~20d 测定的羊肉亮度值的结果进行同计，结果如表 6-1 所示。其中最大值为 44.65，最小值为 22.43，平均值为 33.03，标准方法为 0.34。

表6-1 真空包装冷却羊肉 L^* 值统计结果

理化值	样本数（个）	最大值	最小值	平均值	标准方差
L^*	155	44.65	22.43	33.03	4.56

三、异常样剔除

在对 155 个样本光谱数据和理化数据处理前需要去除样本中的异常样，以提高所建模型精度。先将样品的光谱数据与对应颜色 L^* 值一一对应，并按颜色 L^* 值从小到大排列，然后把数据导入 MATLAB 2010b 中的工具箱建立 PLSR 模型，由 Q 残差和霍特林 T2 值图、杠杆值和学生化残差图两张图的结果依次去除异常样，并将剩下的 147 个样用于后面的冷却羊肉颜色亮度 L^* 的建模分析中。

四、L^* 样本集划分

使剔除异常样的 147 个样本的光谱值与 L^* 对应并按 L^* 值的升序排列，然后按"隔三选一"法划分样本集，校正集 110 个样，预测集 37 个样。对校正集和预测集 L^* 值的结果统计如表 6-2 所示。

表 6-2　校正集和预测集 L^* 统计结果

样品集	样品数	最大值	最小值	平均值	标准偏差
校正集	110	43.08	22.43	32.87	4.44
预测集	37	41.64	23.08	32.86	4.44

从表中可知，校正集和预测集 L^* 值的最大值、最小值、平均值差异较小且标准偏差相同，表明此种样本划分较为合理。

五、不同预处理方法对 L^* 模型的影响

采用不同预处理方法对 110 个校正集和 37 个预测集光谱数据进行处理建立 PLSR 模型结果如表 6-3 所示。经过 MSC 和 SNV 预处理后的光谱数据所建模型效果无显著差异，其他预处理方法与 MSC 或 SNV 相结合均降低了原预处理方法对应模型的预测性能。说明 MSC 和 SNV 方法不适合本试验数据。在其余模型中，未采用预处理方法的光谱数据所建模型的交互验证集和预测集相关系数最小，模型效果最差。采用 2D+S-G（15）+MC 预处理方法建立的 PLSR 模型潜变量因子数为 12 时比

MC 方法处理后的光谱建立的 PLSR 模型潜变量因子数为 18 时的交互验证均方根误差和预测集均方根误差小，比 S-G（13）+MC 预处理后的光谱建立的 PLSR 模型潜变量因子数为 14 时的大。而 1D+S-G（17）+MC 预处理后的光谱建立的 PLSR 模型，潜变量因子数为 12 时，与其他模型相比具有最小的 RMSECV 和最大的 RMSEP，故冷却羊肉颜色 L^* 的最优光谱预处理方法为 1D+S-G（17）+MC。预处理后的光谱其大波峰主要分布在 900nm、960nm、1 450nm 处，小波峰主要分布在 1 540nm、1 750nm、2 300nm 处，它们都是 C—H、O—H、N—H 一倍频、二倍频、三倍频或混合频的谱带区。图 6-4 为经 1D+S-G（17）+MC 预处理后的光谱所建 PLSR 模型结果。

表 6-3　不同预处理方法 L^* 的 PLSR 模型结果

预处理方法	LVs	R_c	RMSEC	R_{cv}	RMSECV	R_p	RMSEP
none	15	0.95	1.41	0.85	2.68	0.80	2.71
MC	18	0.97	1.08	0.86	2.33	0.85	2.69
SNV+MC	8	0.88	2.13	0.75	3.00	0.64	3.61
MSC+MC	8	0.87	2.17	0.74	3.06	0.63	3.68
S-G（13）+MC	14	0.94	1.41	0.88	2.09	0.90	1.96
S-G（13）+SNV+MC	11	0.89	1.98	0.79	2.74	0.80	2.74
S-G（13）+MSC+MC	13	0.91	1.81	0.79	2.78	0.80	2.65
1D+S-G（17）+MC	12	0.94	1.50	0.89	2.05	0.91	1.94
1D+S-G（13）+SNV+MC	11	0.90	2.00	0.79	2.72	0.86	2.37
1D+S-G（13）+MSC+MC	9	0.89	2.06	0.79	2.70	0.82	2.68
2D+S-G（15）+MC	10	0.93	1.62	0.87	2.21	0.87	2.42
2D+S-G（15）+SNV+MC	10	0.89	2.04	0.77	2.87	0.77	2.99
2D+S-G（15）+MSC+MC	10	0.89	1.98	0.77	2.92	0.77	2.86

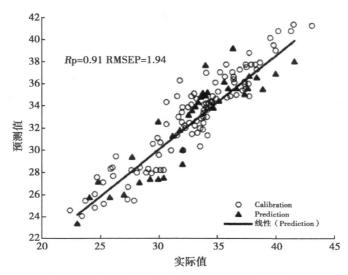

图 6-4 真空包装冷却羊肉 L^* 的 PLSR 模型结果

六、冷却羊肉亮度光谱数据特征波长提取

（一）GA 特征波长提取

GA 参数设置同近红外光谱 pH 值参数设置，重复运行 9 次其中有 4 种结果不同，分别建立 PLSR 模型，其结果如表 6-4 所示。第 2 种特征波长所建模型的 RMSECV 均小于其他 3 种特征波长所建模型的 RMSECV。依据 GA 特征波长选取原则可知，第二种特征波长组合为真空包装冷却羊肉颜色亮度的最优结果。真空包装冷却羊肉 L^* 经 GA 运算所得的变量频率图如图 6-5 所示。细实线以上为选取的特征波长主要分布在 960nm、1 220nm、1 350nm、1 540nm、2 000nm 和 2 200nm 波段附近，其中 1 220nm 和 1 350nm 波长附近主要为脂肪的吸收峰值，1 540nm、2 200nm 主要为蛋白质的吸收谱区，960nm 和 2 000nm 主要为 O-H 的二倍频和混合频吸收频带与水有关。说明 GA 方法可以提取出影响羊肉颜色 L^* 变化的物质光谱。

表 6-4　6 种 GA 特征波长 PLSR 模型结果

序号	波长数（个）	LVs	RMSECV
1	39	11	1.60
2	43	10	1.59
3	32	16	1.61
4	42	12	1.64

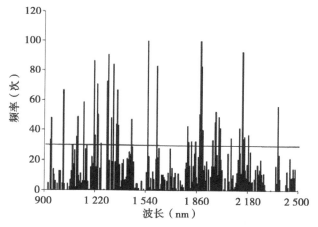

图 6-5　L^* 变量选取频率

（二）SPA 特征波长提取

采用 SPA 方法对预处理后的全波段光谱进行特征波长提取，修改参数，当波长点为 11 时，RMSE 最小，然后随着波长点的增加 RMSE 增加，当波长点为 19 时其对应的 RMSE 较小且再增加波长数 RMSE 趋于稳定，故选取 19 个波长点作为 SPA 的筛选结果。筛选出的特征波长如图 6-6 所示，主要分布在 1 100nm、1 540nm、2 200~2 300nm 波长或波段附近，其中波长 1 100nm 附近为脂肪酸 C-H 键的光谱吸收带；1 540nm 波段附近为 N-H 的二倍频主要为蛋白质的吸收峰值；2 200~2 300nm 范围附近为 N-H 和 C-H 的混合倍频区主要与蛋白质和脂肪有关；通过软件生成的波长点序列号对照光谱数据选出的 19 个波长点分

别为：914. 75nm、966. 83nm、1044. 93nm、1077. 47nm、1129. 51nm、
1 324. 45 nm、1 518. 78 nm、1 528. 17 nm、1 718. 61 nm、1 814. 85 nm、
2 012. 57 nm、2 037. 96 nm、2 214. 74 nm、2 233. 58 nm、2 264. 93 nm、
2 289. 97nm、2 389. 72nm、2 426. 96nm。

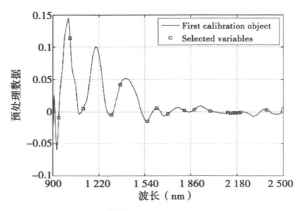

图 6-6   SPA 选取的变量

（三）GA-SPA 特征波长提取

以 GA 筛选的最优特征波长点组合（43 个波长点）为基础，采用
SPA 对其进一步特征筛选，最小 RMSE 对应的波长点数如图 6-7
所示。

由图 6-8 所示，SPA 以 GA 结果为基础提取的特征波长主要分布在
其后面，根据其在 GA 中的序列号对照 GA 结果，提取的 18 个点为：
940. 79nm、1 018. 9nm、1 110nm、1 304. 98nm、1 369. 86nm、1 557. 54
nm、1 622. 06 nm、1 699. 32 nm、1 814. 85 nm、1 885. 2 nm、1 993. 51
nm、2 113. 93nm、2 132. 87nm、2 151. 8nm、2 164. 4nm、2 189. 59nm、
2 202. 17nm 和2 383. 51nm。这些特征变量均分布在 C—H、N—H 和 O—H
的倍频或合频的吸收频带上。说明 SPA 能进一步从 GA 结果中选出与
L^* 值相关的特征波长，减少建模数据。

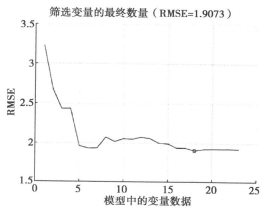

图 6-7　GA-SPA 选取的变量数

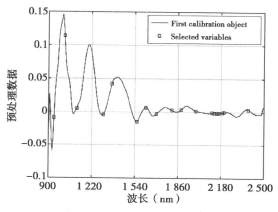

图 6-8　GA-SPA 选取的变量

（四）SiPLS 特征波长提取

采用 SiPLS 对全波段光谱进行特征区间筛选，结果如表 6-5 所示。

由表 6-5 知，当子区间为 31 时，所建 PLSR 模型的 RMSECV 最小为 1.69。所选特征波段区间为 ［4 8-10 14 18 20-21 25］，各区间对应波段 为 1 057~1 103.49nm、1 266.02~1 415.23nm、1 576.91~1 622.06 nm、

1 782.8~1 827.65nm、1 885.2~1 980.8nm 和 2 139.18~2 183.3nm。以上特征波长点范围可知，能够反映出引起冷却羊肉 L^* 变化的蛋白质，脂肪和水的光谱吸收峰区。

表 6-5　不同特征波长区间 PLSR 模型结果

区间数	LVs	选择区间	RMSECV
15	12	［5 8］	2.03
16	8	［3 5 7-8 10-12］	1.76
17	8	［5-9 11 13-14］	1.79
20	6	［4 6-7 9-10 12-14］	1.76
25	14	［4 7 11 14 16 18］	1.74
27	9	［4 7-8 12-14 16 18 22］	1.75
31	9	［4 8-10 14 18 20-21 25］	1.69
41	20	［6 10 12 19-21 23］	1.83
50	20	［7 12 16-17 22-24 28 31 40 43］	1.70

七、不同波段下冷却羊肉亮度模型效果比较

对真空包装冷却羊肉亮度的全波段光谱和四种不同特征波长光谱建立相应 PLSR 模型和 MLR 模型，其结果如表 6-6 所示。W-PLSR 模型潜变量因子数为 12 时预测集 R_p 和 RMSEP 分别为 0.91 和 1.94。GA-PLSR 模型潜变量因子数为 10 时其 R_p 和 RMSEP 分别为 0.89 和 2.07。SPA-MLR 模型的 R_p 和 RMSEP 分别为 0.92 和 1.81。SiPLS-PLSR 模型潜变量为 9 时模型 R_p 和 RMSEP 分别为 0.89 和 2.11。而采用 GA-SPA 提取的 18 个点建立的 MLR 的 R_p 和 RMSEP 分别为 0.91 和 1.91。从以上结果可知，SiPLS 选取的 72 个波长点建立的模型预测效果最差，可能是由于其所选的特征波长均为波段区间，其中易含有有害或无用信息点，降低了模型预测性能。GA-PLSR 模型潜变量因子数为 10 时与 SiPLS-PLSR 模型潜变量因子数为 9 时模型的 Rp 相同但前者 RMSEP 较小，模型预测性能略优与后者。GA 所提取的特征波长所建模型与全波段模型和 SPA 和 GA-SPA 提取的特征波长所建模型效果相比预测性能

较差，在其余三个模型中 SPA-MLR 模型的预测性能最好，GA-SPA-MLR 模型效果次之，但后者采用的波点数比前者少且 RMSEC 和 RMSECV 均比较小，故确定 GA-SPA-MLR 模型提取的特征波长为真空包装冷却羊肉颜色亮度的最优特征波长。其模型结果如图 6-9 所示。

表 6-6　不同波段下冷却羊肉 L^* 模型结果

理化值	模型	波长数	LVs	Rcal	RMSEC	Rcv	RMSECV	Rp	RMSEP
	W-PLSR	250	12	0.94	1.50	0.89	2.05	0.91	1.94
	GA-PLSR	43	10	0.96	1.31	0.93	1.60	0.89	2.07
L^*	SPA-MLR	19	—	0.83	1.65	0.90	1.96	0.92	1.81
	GA-SPA-MLR	18	—	0.95	1.36	0.93	1.62	0.91	1.91
	SiPLS-PLSR	72	9	0.95	1.44	0.93	1.69	0.89	2.11

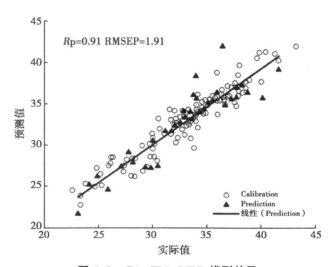

图 6-9　GA-SPA-MLR 模型效果

第三节 羊肉颜色参数的高光谱图像定量检测

一、样本的制备

试验样本取自新疆石河子西部牧业集团屠宰基地的小尾寒羊冷却羊肉，由专业人员取羊肉的背脊部分，使用专用保温箱运回实验室。由试验人员戴上无菌手套对羊肉样本进行处理，取背脊肌肉部分，除去表面的脂肪筋膜和结缔组织，整理成 4cm×4cm×1cm 的肉块，共计 140 个样本，将样本依次装入编好号码的真空蒸煮袋中抽真空密封，然后将样本放置在 4℃下，并经过 1~20d 储藏，连续 20d 每天随机取出 7 个样本进行高光谱图像的采集及颜色参数（L^*、a^* 和 b^*）的测定。

二、样本的颜色测量和结果统计

样本的高光谱图像采集完后（采集过程同第三章）进行颜色参数测定。试验样本测定前，先将样本从真空蒸煮袋中取出，擦拭掉样本表面的水分，使用图 6-4 中的 WSC-S 测色色差计进行羊肉颜色参数的测定。选择样本表面的纯肌肉部分进行颜色的测定，每个样本选择 6 个点进行测定，取其平均值作为试验所用的参数，颜色参数用亮度（L^*）、红度（a^*）和黄度（b^*）表示颜色参数用 L^*、a^*、b^* 和 e^* 表示，其中 $e^* = (a^*/L^* + a^*/b^*)$。采用 WSC-S 测色色差计测得羊肉颜色参数的平均值，共获得 140 个样本的颜色参数值，如下表 6-7 所示，统计结果包括样本数、最大值、最小值、平均值和标准差。

表 6-7 羊肉 L^*、a^* 和 b^* 值统计数据

颜色参数	样本个数	最大值	最小值	平均值	标准差
L^*	140	43.08	22.43	32.99	4.54
a^*	140	27.82	19.29	23.57	1.51
b^*	140	18.67	10.16	14.29	1.73

三、不同样本集划分方法对模型结果的影响

在高光谱图像数据结合理化指标建立校正集和预测集模型的过程中，校正集和预测集样本的选取方法会对模型的结果产生较大影响，因此一种合适的样本集选取方式非常重要。本研究采用不同的样本集划分方法建立 PLSR 模型，为了比较样本集划分方法对模型的影响，对同一个颜色参数指标采取不同的样本集划分方法和同样的光谱预处理方法建立 PLSR 模型，并通过 R_C 和 RMSEC、R_p 和 RMSEP 对模型的效果进行评价分析。将通过试验获得的羊肉样本的颜色参数值，按照 RS、KS、SPXY 和隔三选一的方法选取样本的校正集和预测集，将 140 个样本个数按照 3∶1 的比例分别获得校正集和预测集样本 105 个和 35 个。

（一）不同样本集划分对羊肉亮度（L^*）模型的影响

表 6-8 为 L^* 经过不同样本集划分后所建 PLSR 模型的统计结果。由表 6-8 可以发现，RS 法建立的模型效果明显不如其他三种，予以排除。KS 法所建模型的预测集相关系数大于校正集相关系数，可能是由于样本集划分不合理引起的，一般来说预测集样本因变量值变化范围应该包含在校正集因变量变化范围内，KS 法在划分样本集的过程中只考虑光谱变量而不考虑因变量，所以此划分方法建模结果也相对较差。对于 SPXY 法和隔三选一法所建立的模型，相关系数和均方根误差均较好，但是 SPXY 法相对于隔三选一法较为稳定一些，在同样的光谱预处理方法下，SPXY 法的相关系数大于隔三选一法，经过综合考虑分析，确定 SPXY 法为 L^* 最优样本集划分方法。

表 6-8　不同样本集划分后羊肉亮度（L^*）的 PLSR 模型结果

样本划分	预处理方法	潜变量因子数	R_C	RMSEC	R_p	RMSEP
RS	MSC	15	0.87	1.28	0.82	1.53
	SNV	18	0.96	1.27	0.81	1.18
	SG（17）+2D	12	0.95	0.88	0.84	1.36
KS	MSC	19	0.88	0.86	0.92	1.20
	SNV	19	0.86	0.86	0.94	1.22
	SG（17）+2D	12	0.87	0.88	0.95	1.27

（续表）

样本划分	预处理方法	潜变量因子数	R_C	RMSEC	R_p	RMSEP
SPXY	MSC	12	0.96	1.00	0.92	1.21
	SNV	12	0.96	0.91	0.92	1.19
	SG (17) +2D	14	0.98	0.81	0.96	1.08
隔三选一	MSC	18	0.97	0.96	0.97	1.10
	SNV	18	0.91	0.96	0.91	1.10
	SG (17) +2D	14	0.96	0.77	0.94	1.22

（二）不同样本集划分对羊肉红度（a^*）模型的影响

表6-9为a^*经过不同样本集划分后所建模型的统计结果，通过比较模型结果可以看出，隔三选一法明显优于其他三种样本集划分方法。首先 RS 法和 KS 法中预测集相关系数小于其他两种方法，且二者的校正集相关系数明显大于预测集相关系数，这可能会导致模型的不准确，RS 法和 KS 法不利于模型的推广，且 RS 法较为随意，使所建模型的结果存在随机性，所以这两种方法不予考虑。比较 SPXY 法和隔三选一法可以发现，在预处理方法一致的情况下，隔三选一法所建模型的预测集相关系数远大于 SPXY 法，确定隔三选一法为 a^* 最优样本集划分方法。

表6-9 不同样本集划分后羊肉红度（a^*）的 PLSR 模型结果

样本划分	预处理方法	潜变量因子数	R_C	RMSEC	R_p	RMSEP
RS	MSC	16	0.73	1.02	0.57	1.24
	SNV	20	0.85	0.78	0.57	1.67
KS	MSC	20	0.89	0.72	0.47	1.28
	SNV	20	0.88	0.73	0.57	1.14
SPXY	MSC	20	0.88	0.78	0.50	0.98
	SNV	20	0.88	0.78	0.51	1.15
隔三选一	MSC	19	0.87	0.74	0.75	1.01
	SNV	19	0.87	0.74	0.75	1.01

（三）不同样本集划分对羊肉黄度（b^*）模型的影响

表6-10为不同样本集划分后b^*所建模型的统计结果，通过比较四种样本集划分方法所建 b^* 的 PLSR 模型的相关系数可以发现，KS 法的

预测集相关系数明显小于其他三种方法，KS 法不予考虑。对于 RS 和 SPXY 法，在预处理方法相同的情况下，SPXY 的预测集相关系数明显大于 RS 法，且校正集均方根误差远小于 RS 法的均方根误差，所以排除 RS 法。在隔三选一法中，预处理方法一致时，SPXY 法的校正集相关系数大于隔三选一法。综合考虑分析，确定 SPXY 法为 b^* 的最优样本集划分方法。

表 6-10　不同样本集划分后羊肉黄度（b^*）的 PLSR 模型结果

样本划分	预处理方法	潜变量因子数	R_C	RMSEC	R_p	RMSEP
RS	MSC	4	0.71	1.19	0.71	1.12
	SNV	4	0.71	1.19	0.71	1.12
	SG（17）+2D+SNV	6	0.79	1.08	0.69	1.20
KS	MSC	11	0.82	0.99	0.47	1.36
	SNV	8	0.81	1.03	0.57	1.35
	SG（17）+2D+SNV	5	0.80	1.06	0.80	1.29
SPXY	MSC	8	0.79	1.09	0.67	1.22
	SNV	8	0.78	1.10	0.68	1.18
	SG（17）+2D+SNV	7	0.81	1.03	0.77	1.04
隔三选一	MSC	4	0.74	1.19	0.73	1.14
	SNV	4	0.74	1.19	0.73	1.14
	SG（17）+2D+SNV	6	0.79	1.07	0.64	1.31

四、不同预处理方法对模型结果的影响

在采集羊肉高光谱图像的整个过程中，要确保实验的光照、温度等外界条件一致。然而在高光谱图像采集过程中，往往掺杂有其他无用的信息，如基线漂移和散射等影响，会对光谱中特征成分的分析产生干扰，因此常常需要对获得的光谱信息进行预处理，以获得理想、有用的光谱信息。常见的方法有中心化（MC），多元散射校正化（multiplication scatter correction，MSC）、标准正态变量（standard normalized variate，SNV）、一阶导数（1-derivative，1D）、二阶导数（2-

Derivative，2D）、卷积平滑法（Savitzky-Golay，SG 平滑）和 db4 小波变换等光谱预处理方法。

（一）不同预处理方法对羊肉亮度（L^*）模型的影响

通过使用不同的光谱预处理方法建立羊肉样本 L^* 的 PLSR 模型，L^* 经过最优样本划分方法 SPXY 划分后，获得 105 个校正集样本，剩下的 35 个作为预测集样本。

通过比较和分析其不同预理方法所建羊肉 L^* 的 PLSR 模型结果发现，就单个预处理方法而言，其建模结果明显不如组合预处理好。17 点 SG 平滑加 2D 组合方法明显优于加上 1D 的方法，无论校正集还是预测集样本，其相关系数均大于 17 点 SG 平滑加 1D；17 点 SG 平滑和 2D+MSC 组合预处理方法所建模型的校正集相关系数最好，但预测集相关系数较小。在校正集相关系数相同的情况下，2D 和 17 点 SG 平滑的方法预测集相关系数最高，所以羊肉 L^* 的最优预处理方法为 2D 和 17 点 SG 平滑的组合。图 6-10 所示是经过 2D 和 17 点 SG 平滑的组合预处理后的光谱图。

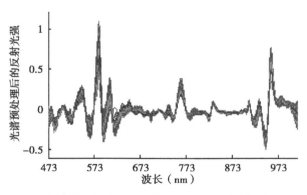

图 6-10　经 2D+SG（17）预处理后的光谱

（二）不同预处理方法对羊肉红度（a^*）模型的影响

通过使用不同的光谱预处理方法建立羊肉样本 a^* 的 PLSR 模型，

a^*经过最优样本划分方法隔三选一法划分后，获得校正集样本 105 个，预测集样本 35 个。

其不同预处理方法所建 a^* 的 PLSR 模型结果发现，db4 预处理效果较差，由于 MSC 和 SNV 建模结果相同，且 17 点 S-G 平滑、2D 与 MSC 和 SNV 二者的组合预处理方法模型结果一致，此处不做比较。通过比较 17 点 SG 平滑分别与 1D 和 2D 的组合预处理发现，17 点 SG 平滑和 2D 组合方法远好于与 1D 的组合，其校正集相关系数为 0.92，预测集相关系数为 0.77。通过比较 17 点 SG 平滑、2D 和 MC 分别与 MSC 和 SNV 的组合预处理发现，就预测集相关系数和均方根误差，后者组合预处理都比前者要好，所以最终确定 a^* 的最优预处理方法为 17 点 SG 平滑、2D、MC 和 SNV 的组合。图 6-11 所示是经过 17 点 SG 平滑、2D、MC 和 SNV 组合预处理后的光谱图。

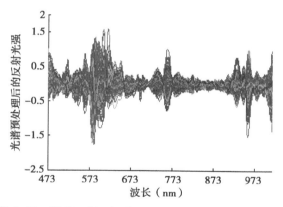

图 6-11　经 2D+SG（17）+SNV+MC 预处理后的光谱

（三）不同预处理方法对羊肉黄度（b^*）模型的影响

通过使用不同的光谱预处理方法建立羊肉样本 b^* 的 PLSR 模型，b^* 经过最优样本划分方法 SPXY 法划分后，获得校正集样本 105 个，预测集样本 35 个。

通过比较 b^* 经不同预处理方法所建的 PLSR 模型结果发现 1D 和 17

点 SG 平滑组合预处理方法与单一预处理方法所建模型的相关系数较小，不予考虑。在校正集相关系数相同的情况下，17 点 SG 平滑、2D 与 SNV 组合的预处理方法预测集相关系数最大。经综合考虑分析，确定 b^* 的最优光谱预处理方法为 17 点 SG 平滑、2D 与 SNV 组合。图 6-12 所示是经过 17 点 S-G 平滑、2D 与 SNV 组合预处理后的光谱图。

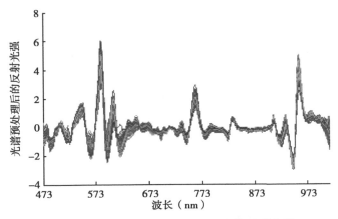

图 6-12　经 2D+SG（17）+SNV 预处理后光谱

五、基于全波段不同建模方法的比较分析

本节基于全波段范围，使用各颜色参数（L^*、a^* 和 b^*）的最优样本集划分方法和最优光谱预处理方法，并分别使用偏最小二乘回归（PLSR）、逐步多元线性回归（SMLR）和主成分回归（PCR）对 L^*、a^* 和 b^* 进行建模分析。

（一）羊肉亮度（L^*）全波段不同建模方法比较分析

L^* 采用 SPXY 样本集划分方法，将样本划分为 105 个校正集样本和 35 个预测集样本，使用 17 点 SG 平滑和 2D 组合的预处理方法，建立 L^* 的 PLSR、SMLR 和 PCR 模型。表 6-11 为 L^* 值样本不同建模方法的建模统计结果，其中 PLSR 模型的潜变量因子数为 14，SMLR 建模时所选的波长点数为 7，PCR 建模时模型的主成分数为 20。

表 6-11　不同建模方法所得羊肉 L^* 模型结果

建模方法	R_C	RMSEC	R_P	RMSEP
PLSR	0.98	0.81	0.98	0.99
SMLR	0.94	1.58	0.85	1.88
PCR	0.96	1.24	0.92	1.45

由表 6-11 可知 L^* 值经过 SPXY 法划分和 17 点 SG 平滑与 2D 的组合预处理后，使用三种建模方法建立的模型中 PLSR 模型结果明显好于 SMLR 和 PCR，具有较大的相关系数和较小的均方根误差。L^* 实测值与预测值相关关系如图 6-13 所示，由此可知，L^* 的样本点很好地分布在回归线周围，其中校正集相关系数和均方根误差分别为 0.98 和 0.81，预测集相关系数和均方根误差分别为 0.98 和 0.99。

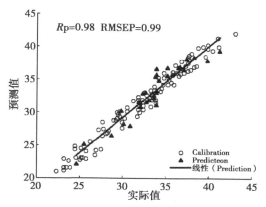

图 6-13　羊肉 L^* 实际值和预测值的相关关系

（二）羊肉红度（a^*）全波段不同建模方法比较分析

a^* 采用隔三选一法进行样本集的划分，将样本划分为 105 个校正集样本和 35 个预测集样本，使用 17 点 SG 平滑、2D、MC 和 SNV 组合的预处理方法，建立 a^* 的 PLSR、SMLR 和 PCR 模型。表 6-12 为 a^* 值样本不同建模方法的建模统计结果，其中 PLSR 模型的潜变量因子数为 12，SMLR 建模时所选的波长点数为 11，PCR 建模时模型的主成分数为 30。

表 6-12 不同建模方法所得羊肉 a^* 模型结果

建模方法	R_C	RMSEC	R_P	RMSEP
PLSR	0.93	0.56	0.81	0.89
SMLR	0.87	0.72	0.82	0.89
PCR	0.74	1.02	0.69	1.08

由表 6-12 可知 a^* 值经过隔三选一法划分样本，使用 17 点 SG 平滑、2D、MC 和 SNV 组合的方法进行 a^* 光谱数据预处理后，建立的三种预测模型中 PLSR 模型的校正集相关系数明显大于 SMLR 和 PCR，预测集相关系数远大于 PCR，所以 a^* 的最优建模方法为 PLSR。a^* 实测值与预测值相关关系如图 6-14 所示，通过图 6-14 可以发现校正集和预测集的 a^* 值在回归线上分布较为均匀，校正集相关系数为 0.93，校正集均方根误差为 0.56，预测集相关系数为 0.81，预测集均方根误差为 0.89。

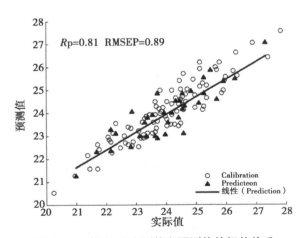

图 6-14 羊肉 a^* 实测值和预测值的相关关系

（三）羊肉黄度（b^*）全波段不同建模方法比较分析

b^*采用 SPXY 法进行样本集的划分，将样本划分为 105 个校正集样本和 35 个预测集样本，使用 17 点 SG 平滑、2D 与 SNV 组合的预处理方法，建立 b^* 的 PLSR、SMLR 和 PCR 模型。表 6-13 为 b^* 值样本不同建模方法的建模统计结果，其中 PLSR 模型的潜变量因子数为 7，SMLR 建模时所选的波长点数为 7，PCR 建模时模型的主成分数为 18。

表 6-13　不同建模方法所得羊肉 b^* 模型结果

建模方法	R_C	RMSEC	R_P	RMSEP
PLSR	0.81	1.03	0.77	1.04
SMLR	0.83	0.98	0.67	1.12
PCR	0.76	1.15	0.65	1.16

经 SPXY 划分后，使用相同的 b^* 光谱预处理方法分别建立 PLSR、SMLR 和 PCR 预测模型，由表 6-13 模型结果可知，SMLR 的校正集相关系数最好，但预测集相关系数明显小于 PLSR，所以羊肉 b^* 的最优的建模方法为 PLSR。b^* 实测值与预测值相关关系如图 6-15 所示，由图 6-15 可知 b^* 值参数分布于回归线的两侧，说明使用 PLSR 预测

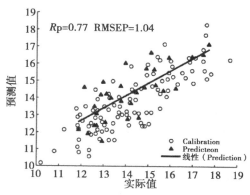

图 6-15　羊肉 b^* 实测值和预测值的相关关系

模型能够较好地实现羊肉 b^* 值的预测，校正集相关系数和均方根误差分别为 0.81 和 1.03，预测集相关系数和均方根误差分别为 0.77 和 1.04。

六、基于特征波段的选择与结果分析

联合区间偏最小二乘法（SiPLS）主要将全波段光谱数据分为若干个子区间，在各个子空间分别建立 PLSR 模型，然后比较全波段各个子空间的交互验证均方根误差（RMSECV 值），联合模型精度最好的子区间，从而实现特征波长的筛选。本章节通过使用 SiPLS 将全波段的区间数分别设为 16、18、20、22、24、26、28、30 和 32 个，然后再联合每个区间数下的子区间进行 PLSR 建模分析，比较联合子区间下模型的 RMSECV 值，选择 RMSECV 值最小的子区间组合即为特征波长区间。

遗传算法（GA）是基于自然界优胜劣汰和适者生存的原则而提出的优化算法，该算法通过模拟生物进化过程，以适应度函数为依据，通过对群体进行选择、交叉和变异等遗传操作，重组优化群体内的个体，实现特征变量优化选择的方法，优选过程以特征波长点数建立 PLSR 模型的交互验证均方根误差为目标函数，建立一个迭代过程。通过 GA 进行特征波长提取，以 RMSECV 值作为特征波长选择的目标函数，以提取后的特征波长结合颜色参数（L^*、a^*、b^*）建立 PLSR 定量分析模型。GA 参数设置为，群体个数为 64 个，窗口宽度设为 17 个，初始种群设为 30%，变异概率为 0.05，交叉概率为 0.5，遗传迭代次数设为 100 代。

（一）羊肉亮度（L^*）光谱数据特征波长选择

1. 联合区间偏最小二乘法（siPLS）进行 L^* 特征波长选择

羊肉 L^* 不同区间数 siPLS 模型结果如表 6-14 所示，由表 6-14 可知当区间数为 28、潜变量因子数为 15、被选区间数为 14 时，L^* 的 RMSECV 值最小，因此将其选为最优特征波长区间。由于共有 846 个波长点划分为 28 个子区间时，L^* 通过 siPLS 获得第 2、4~9、14~15、17~18、21、23 和 27 个子区间共 420 个波长点数，其对应的光谱范围为

491.69～509.54nm、528.67～640.33nm、716.94～754.62nm、774.51～812.52nm、852.05 ～ 870.92nm、891.15 ～ 910.13nm 和 970.03 ～989.23nm，其选出的特征波长区间包含有反映羊肉红色的绿光吸收峰、肌红蛋白、血红蛋白氧化和水分的吸收峰。

表 6-14　羊肉 L^* 不同区间数 siPLS 模型结果

区间数	潜变量因子数	被选区间	RMSECV
16	19	[4-5 9-10]	1.30
18	13	[4-5 7 9-11 13]	1.29
20	16	[4-5 12-13]	1.37
22	14	[5-6 9 12 14]	1.26
24	15	[4-5 7 14 18 20 23]	1.43
26	20	[6-8 10 14 16]	1.25
28	15	[2 4-9 14-15 17-18 21 23 27]	1.23
30	20	[4 6 16 18 20]	1.44
32	19	[6-7 10 16 20-21]	1.36

2. 遗传算法 (GA) 进行 L^* 特征波长的选择

全波段光谱 846 个波长点经过 2D 与 17 点 SG 组合预处理，对预处理后的光谱进行 GA 算法的特征波长选择，将选择后的特征波长作为变量进行 PLSR 建模分析。由于 GA 算法选择特征波长具有随机性，本研究重复进行 5 次遗传运算，并比较其建模的效果，表 6-15 为 L^* 经过 5次 GA 算法选择波长后建立的 PLSR 预测模型结果。由表 6-15 可知波长点数相对于全波段均有大幅度减少，其中第 4 次模型效果较好，具有较小的 RMSECV 值。图 6-16 为第 4 次 GA 运算的光谱波长点选取的频率图，图中高于虚线以上的波长点数为选出的波长点，其经过 GA 选取了 221 个波长点数，对应的 RMSECV 值为 1.14。由图 6-16 可知，经GA 运算后选取的特征波长范围包含了 550nm、570nm、770nm 和 970nm等特征吸收峰，说明通过 GA 能够选取 L^* 光谱数的特征波长。

表 6-15　羊肉 L^* 在 GA 不同运算次数下模型结果

GA 次数	潜变量因子数	波长点数	RMSECV
1	12	238	1.24
2	14	391	1.23
3	13	323	1.15
4	11	221	1.14
5	14	289	1.26

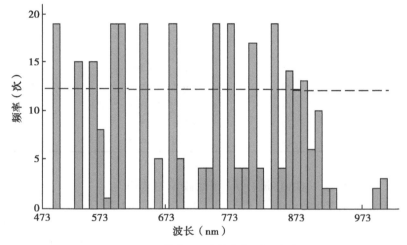

图 6-16　羊肉 L^* 波长点数选取频率

（二）羊肉红度（a^*）光谱数据特征波长选择

1. 联合区间偏最小二乘法（siPLS）进行 a^* 特征波长选择

将全波段 846 个波长点划分为不同的区间数，通过选取每个区间数下对应 RMSECV 值较小的子区间数，使用 siPLS 联合每个区间数下的子区间进行 PLS 建模分析，从而筛选出最佳的子区间组合，结果如表 6-16 所示。由表 6-16 可知当区间数为 16，潜变量因子数为 19，被选区间数为 8 时，a^* 的 RMSECV 值最小，因此将其选为最优特征波长区间。由于共有 846 个波长点划分为 16 个子区间时，a^* 通过 siPLS 获得第 2、

4~7、10~11 个子区间共 416 个波长点，其特征波长区间对应的光谱范围分别为 505. 22~536. 72nm、569. 61~699. 77nm 和 733. 52~833. 23nm，而波长在 569. 61~699. 77nm 范围内包含有羊肉肌红蛋白质氧化导致的特征吸收峰。

表 6-16 羊肉 *a* * 不同区间数 siPLS 模型结果

区间数	潜变量因子数	被选区间	RMSECV
16	19	[2 4-7 9-11]	1. 04
18	13	[1-4 6-7 10 12-13 17-18]	1. 05
20	13	[1-2 4-7 10-11 13-14 16-20]	1. 08
22	17	[1 2 5-6 12-13 19]	1. 07
24	11	[3 5-6 8 14-15 17 20 22 24]	1. 06
26	12	[6 9 11 13 16 22 24]	1. 16
28	17	[4 6 14-15 22 24]	1. 10
30	20	[4 7-8 19 25-26]	1. 26
32	15	[11 16 18-20 25]	1. 12

2. 遗传算法（GA）进行 *a* * 特征波长的选择

全波段光谱 846 个波长点使用 2D、SNV、MC 和 17 点 SG 组合预处理，对预处理后的光谱进行 GA 算法的特征波长选择，将选择后的特征波长作为变量进行 PLSR 建模分析。由于 GA 算法选择特征波长具有随机性，本研究重复进行 5 次遗传运算，并比较其建模的效果，表 6-17 为 *a* * 经过 5 次 GA 算法选择波长后建立的 PLSR 预测模型结果。由表 6-17 可知波长点数相对于全波段均有减少，且 RMSECV 值较小，其中第 5 次模型效果最好，具有最小的 RMSECV 值，波长点数由原来的 846 个减少为 323 个。图 6-17 为第 5 次 GA 运算的光谱波长点选取的频率图，虚线以上部分为入选的特征波长点，可知通过 GA 选择的特征波长多集中在 500nm、580nm、780nm 和 970nm 等附近，这些选取的特征波长区域包含有羊肉蛋白质氧化分解和水分的特征吸收峰附近。

表6-17　羊肉 a^* 在 GA 不同运算次数下模型结果

GA 次数	潜变量因子数	波长点数	RMSECV
1	13	408	0.95
2	13	289	0.97
3	13	306	0.93
4	13	408	0.95
5	13	323	0.92

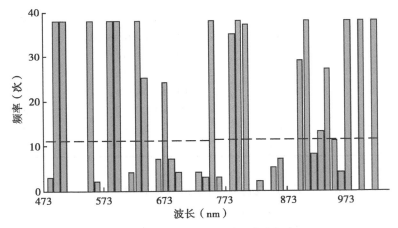

图6-17　羊肉 a^* 波长点数选取频率

（三）羊肉黄度（ b^* ）光谱数据特征波长选择

1. 联合区间偏最小二乘法（siPLS）进行 b^* 特征波长选择

将全波段846个波长点划分为不同的区间数，通过选取每个区间数下对应 RMSECV 值较小的子区间数，使用 siPLS 联合每个区间数下的子区间进行 PLSR 建模分析，从而筛选出最佳的子区间组合，结果如表6-18所示。由表6-18可知当区间数为32，潜变量因子数为6，被选区间数为6时， b^* 的 RMSECV 值最小，因此将其选为最优特征波长区间。由于共有846个波长点划分为32个子区间时，即每个子区间下共有26个波长点数， b^* 通过 siPLS 获得第3~4、11、14、16~17个子区间共156个波长点，其特征波长区间对应的光谱范围分别为 505.22~536.72nm、569.61~585.19nm、683.91~699.77nm、935.74~969.37nm，其选出的特征波长区间包含有反映羊肉红色的绿光吸收峰、肌红蛋白和血红蛋白氧化和水分的吸收峰。

表6-18　羊肉 b^* 不同区间数 siPLS 模型结果

区间数	潜变量因子数	被选区间	RMSECV
16	5	[7 14-15]	1.22
18	8	[7 14 16]	1.20
20	6	[2 4 9 15 18]	1.20
22	5	[5 9 11 14 19 21]	1.17
24	5	[2 5 10-11 14 19 22]	1.18
26	6	[6 9-10 14 16 18 23]	1.18
28	7	[6 10 22 26]	1.21
30	8	[6 13 20 23 26-28]	1.16
32	6	[3-4 7 14 29-30]	1.15

2. 遗传算法（GA）进行 b^* 特征波长的选择

全波段光谱846个波长点经过17点SG平滑、2D与SNV组合预处理，对预处理后的光谱进行GA算法的特征波长选择，将选择后的特征波长作为变量进行PLSR建模分析。由于GA算法选择特征波长具有随机性，本研究重复进行5次遗传运算，并比较其建模的效果，表6-19为 b^* 经过5次GA算法选择波长后建立的PLS模型结果。由表6-19可知经过GA算法特征波长选择后，其选取的特征波长点数相对于全波段均有大幅度减少，其中在第3次GA特征波长选择的个数最少，当潜变量因子数为10时，其对应的RMSECV值为1.01，图6-18为第3次GA运算的特征波长点选取的频率图，虚线以上部分为入选的特征波长点，由图6-18可知，经GA运算后选取的特征波长主要集中在570nm、680nm和960nm等附近，这些选择出的区间光谱范围内主要包括羊肉中肌红蛋白分解和水分的吸收峰，说明通过 GA 算法能够提取羊肉 b^* 光谱中的特征波长。

表 6-19　羊肉 b^* 在 GA 不同运算次数下模型结果

GA 次数	潜变量因子数	波长点数	RMSECV
1	12	238	1.08
2	10	204	1.10
3	10	170	1.01
4	11	221	1.10
5	14	204	1.26

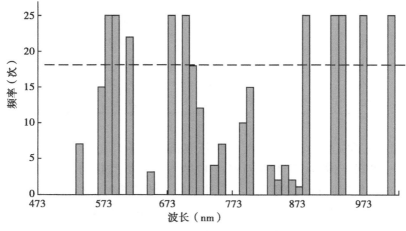

图 6-18　羊肉 b^* 波长点数选取频率

七、模型结果的比较分析

本研究分别采用 siPLS 和 GA 算法对羊肉的亮度（L^*）、红度（a^*）和黄度（b^*）的高光谱特征波长的选择进行模型的比较与分析，其优选出的特征波长建立的 PLSR 模型结果如表 6-20 所示。

表 6-20　采用不同方法对羊肉颜色高光谱特征波长选择结果和模型比较

颜色参数	特征波长选择	波长点数	R_C	RMSEC	R_P	RMSEP
	无	846	0.98	0.81	0.98	0.99
L^*	siPLS	420	0.97	0.92	0.92	1.52
	GA	221	0.98	0.86	0.98	0.98
	无	846	0.93	0.56	0.81	0.89
a^*	siPLS	416	0.94	0.53	0.77	1.03
	GA	353	0.93	0.55	0.87	0.73
	无	846	0.81	1.03	0.77	1.06
b^*	siPLS	156	0.81	1.03	0.75	1.08
	GA	183	0.81	1.02	0.81	1.04

由表 6-20 可以看出，通过 siPLS 和 GA 算法选择的特征波长相对于全波段均有大幅度减少。对于羊肉亮度（L^*）值，通过 siPLS 算法选择的波长点所建模型预测相关系数小于 GA 算法。全波段和 GA 算法模型中均方根误差和预测相关系数均比 siPLS 要好。在不进行特征波长选取的情况下，模型效果较好，但所选用的波长点数过多，GA 算法使用 221 个波长点数建立的模型达到了使用全波段建模的效果，其校正集相关系数和均方根误差分别为 0.98 和 0.86，预测集相关系数和均方根误差分别为 0.98 和 0.98，因此通过 GA 选择的有效波段能够代替全波段进行建模分析。

对于冷却羊肉红度（a^*），使用 GA 提取特征波长从全波段的 846 减少到了 353，且在校正集相关系数不变的情况下，预测集相关系数从全波段的 0.81 增大到了 0.87，预测集均方根误差由全波段的 0.89 减小到了 0.73；siPLS 算法选择的特征波长所建模型的校正集相关系数略大于 GA，但其预测集相关系数远小于 GA，所以 GA 算法更为适合进行羊肉红度（a^*）特征波长的选择。

对于羊肉黄度（b^*），使用 GA 法和 siPLS 算法所建模型全波段相比校正集相关系数相同，siPLS 法预测集相关系数不及全波段，GA 预测集相关系数和均方根误差均优于全波段和 siPLS 法，因此通过使用 GA 法选取的特征波长能够代替全波段进行冷却羊肉黄度（b^*）建模分析。

第七章 羊肉新鲜度的高光谱 图像定性分析检测

本章利用高光谱图像分别对热鲜和冷却羊肉的新鲜度做了定性分析检测。对热鲜羊肉的高光谱数据进行提取与预处理、数据降维及特征提取，以 TVB-N 为指标建立羊肉新鲜度判别模型；对冷却羊肉的高光谱数据进行代表性光谱提取及预处理、数据降维及纹理特征提取，以 TVC 为指标建立羊肉新鲜度判别模型。

第一节 羊肉新鲜度评价准则的建立

基于前期的研究来探究 TVB-N 同 TVC、L^*、a^* 和天数之间的相关性，如图 7-1 所示。研究发现 TVB-N 指标同 TVC 和 L^* 之间的相关性较高，根据 TVB-N 划分羊肉样品新鲜度的标准可就此划分新鲜、次新鲜和腐败样品 TVC 和 L^*。对于新鲜度样品，其 TVB-N 数值小于 15mg/100 mg，TVC 值应小于 5×10^5CFU/g，L^* 值应大于 40；对于次新鲜样品，其 TVB-N 数值 15~25mg/100mg，TVC 值应在 $5 \times 10^5 \sim 6.5 \times 10^5$ CFU/g，L^* 值应为 39~40；对于腐败样品，其 TVB-N 数值大于 25mg/100mg，TVC 值大于 6.5×10^5CFU/g，L^* 值应小于 39。

第二节 热鲜羊肉新鲜度的高光谱图像定性分析检测

一、样本的制备、高光谱采集、测定及新鲜度统计

制备、采集和测定过程同第五章 TVB-N。实验用采集 69 个样本，

依据不同天数测定结果将羊肉新鲜度划分为 3 个等级：新鲜 20 个（TVBN≤15mg/100g），次鲜 24 个（15<TVBN≤25mg/100g），腐败 25 个（TVBN>25mg/100g），并分别用 1、2、3 表示（表 7-1）。

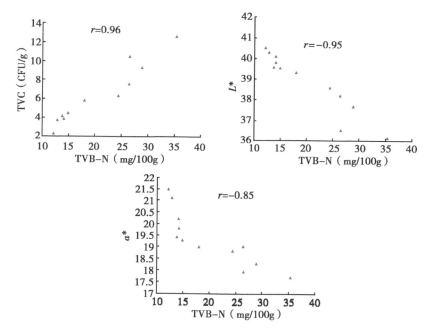

图 7-1　羊肉 TVB-N 与 TVC、L^* 和 a^* 之间的相关性

表 7-1　新鲜度分类统计结果

理化值	样本数（个）	新鲜（个）	次鲜（个）	腐败（个）
TVBN	69	20	24	25

二、代表性光谱提取及样本集划分

数据采集时，线阵探测器在样品移动方向进行横向扫描，获取条状空间中每个像素在各个波长处的光谱信息，随着样品不断前进，探测器

便完成了整个样品光谱的采集。由于观察到肌肉图像信息分布不均匀，存在一定差异，因此为了充分利用高光谱图像信息，扩大建模样品量，本研究对每个样品高光谱图像纯肌肉区域按照线扫描方向提取 8 条光谱。

利用波段运算、二值化和掩膜法去除图像背景、脂肪、结缔组织等，以纯肌肉部分作为感兴趣区域提取光谱数据。图 7-2 为不同新鲜度的羊肉样本在 460~1 000nm 的原始光谱曲线（由于受到仪器响应及杂散光影响，光谱在低于 460nm 时存在较大噪声予以去除）。

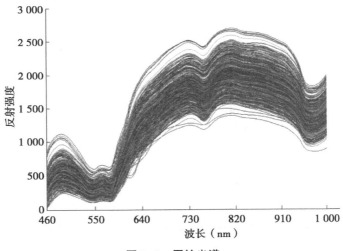

图 7-2　原始光谱

以实验测得的 TVB-N 理化值浓度排序，选用隔三选一法对 69 个羊肉样本划分为 53 个校正样本和 16 个测试样本。对于所提取的多条光谱，按羊肉样本整组取样以保证数据的独立性。表 7-2 列出了提取 8 条光谱的样本集划分结果，校正样品集由 53 个样品的 424 条光谱组成，测试集由 16 个样品的 128 条光谱组成，验证集由 69 个样品的平均光谱组成。

表 7-2　不同新鲜度的羊肉样本集划分结果

光谱数	样本集	新鲜	次鲜	腐败	总数
	校正集	120	152	152	424
提取 8 条光谱	测试集	40	40	48	128
	验证集	20	24	25	69

三、预处理

常用的光谱预处理有导数法（1D、2D）、S-G 平滑、多元散射校正（MSC）、变量标准化（SNV）等。本研究通过对以上方法及其组合方法建立 PLS-DA 模型比较研究，采用 10 折交叉验证法综合考虑各个类别特异性、灵敏度、相关系数等参数确定最优预处理方法。其中提取 8 条光谱的预处理方法为 1D+15 点 S-G 平滑+SNV+MC，预处理结果如图 7-3 所示。

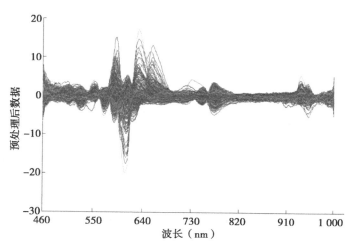

图 7-3　预处理光谱 [1D+SG（15）+SNV+MC]

四、数据降维及特征提取

为了有效处理数据,需对数据进行压缩。目前压缩波段有两种方法:从众多波段中选择感兴趣的若干波段进行分析;利用所有波段通过数学变换进行数据压缩。PCA 是一种有效的数据降维方法,以方差最大化和不相关性为原则求取主成分并排序,利用少数几个主成分替代原有众多变量,从而达到简化模型的效果。实验通过 PCA 对光谱数据降维,根据方差累积贡献率的大小提取最能反映羊肉新鲜度的主成分信息进行数据分析。CARS 是基于"适者生存"原则提出的一种新的变量选择算法,主要通过蒙特卡洛采样建立 PLS 模型,借助指数衰减函数(EDP)和自适应重加权采样技术提取变量子集,利用交叉验证选取最优变量。本研究对 CARS 算法中蒙特卡洛采样次数设为 50,选用模型为 PLS-DA,采用 5 折交叉验证优选特征变量。本章节在每个样品高光谱图像提取 8 条光谱的基础上分别采用 PCA 降维、CARS 特征提取以优化变量,减少运算量,并建立羊肉新鲜度定性判别模型。

采用 PCA 降维,前几个主成分对光谱变量的贡献率结果如表 7-3 所示。为了在降低数据冗余性的同时,尽可能多地保留信息,研究选取 PCA 降维的前 6 个主成分作为后续模型的输入,从表 7-3 可以看出,此时的累计贡献率超过 90%,已能够代表原始数据的大部分信息。若继续增加主成分数,虽能在一定程度上提高模型识别率,但增幅不大,且会增加模型复杂度,影响建模效率。图 7-4 为采用 CARS 算法筛选得到的各个波点,以蓝色方块表示。最终得到 11 个特征波长:530nm、558nm、634nm、668nm、753nm、765nm、776nm、785nm、833nm、859nm 和 957nm。

表 7-3　前 6 个主成分的贡献率

主成分	累计贡献率
PC1	49.13
PC2	66.38
PC3	75.60

（续表）

主成分	累计贡献率
PC4	82.05
PC5	87.60
PC6	90.79

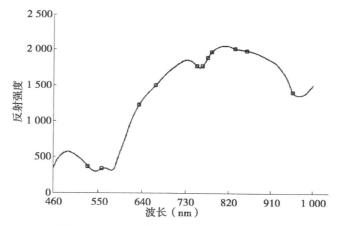

图 7-4 CARS 选择的 11 个特征波长结果

五、羊肉新鲜度判别模型分析及比较

（一）SVM 模型参数寻优及分类结果比较

以 PCA 提取的 6 个主成分信息和 CARS 提取的 11 个特征波长作为 SVM、ELM 和 RF 模型的输入变量，建立羊肉新鲜度分类模型。SVM 模型中，研究选用适应性更好的 RBF 高斯径向基核作为 SVM 核函数，分别采用网格搜索算法、遗传算法和粒子群算法结合 10 折交叉验证法对惩罚因子 C 和 RBF 核参数 g 寻优，建立羊肉新鲜度分类模型，分类结果如表 7-4 所示，图 7-5 为 CARS 特征提取后的 PSO 参数寻优过程，其中 PSO 参数粒子加速系数 $c1$ 为 1.5，$c2$ 为 1.7，最大循环数为 100，种群规模为 20。

表 7-4 不同羊肉新鲜度的 SVM 模型分类结果

方法	参数寻优	参数 (r)			准确率 (%)		
		C	g	校正集	交互验证集	测试集	验证集
PCA	GS	5.28	0.06	100 (424/424)	95.52	79.69 (102/128)	95.65 (66/69)
	GA	43.96	0.06	100 (424/424)	95.28	80.47 (103/128)	95.65 (66/69)
	PSO	3.11	0.10	100 (424/424)	96.23	74.22 (95/128)	94.20 (65/69)
CARS	GS	16.00	1.00	98.58 (418/424)	94.81	89.84 (115/128)	100 (69/69)
	GA	62.68	0.47	98.11 (416/424)	95.28	94.53 (121/128)	100 (69/69)
	PSO	100.00	0.41	98.82 (419/424)	94.58	95.31 (122/128)	100 (69/69)

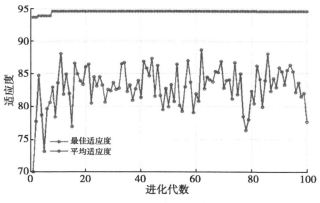

图 7-5 PSO 参数寻优过程

表 7-4 为分别采用 PCA、CARS 的参数优化 SVM 分类结果，可以看出，采用 PCA 降维结合 GS、GA 和 PSO 建立的 SVM 模型校正集准确率高达 100%，验证集准确率分别为 95.65%、95.65% 和 94.20%，但测试准确率较低分别为 79.69%、80.47% 和 74.22%，表明模型泛化能力不足。而采用 CARS 提取的 11 个特征波长点取得了比 PCA 降维更好的建模效果。三种优化算法 GS、GA 和 PSO 的 SVM 模型校正集准确率均达 98% 以上，验证准确率均为 100%，测试准确率分别为 89.84%、94.53% 和 95.31%。网格搜索法对应的分类准确率较低，原因可能在于

网格搜索法是在一定空间范围内遍历网格中所有点来寻找最优参数，而 GA 和 PSO 算法属于启发式算法，能够搜索到全局最优解。试验表明采用 CARS 提取的 11 个特征波长建立 PSO-SVM 模型可以更好地实现对羊肉不同新鲜度等级的定性判别。

（二）ELM 模型分类结果

表 7-5　不同羊肉新鲜度的 ELM 模型分类结果

方法	模型结构	准确率（%）			
		校正集	交互验证集	测试集	验证集
PCA	6-15-1	97.88（415/424）	97.88	100（128/128）	98.55（68/69）
CARS	11-15-1	97.64（414/424）	97.24	100（128/128）	100（69/69）

采用 PCA、CARS 提取特征信息建立的 ELM 模型新鲜度分类结果如表 7-5 所示，该模型输出层单元数为 1，激活函数为 Sigmoid 函数，PCA-ELM 和 CARS-ELM 模型隐层神经元数分别设为 100 和 15。由表 7-5 结果可知，采用 PCA 降维建立的 ELM 模型校正集、交互验证集、测试集和验证集准确率分别为 97.88%、97.88%、100% 和 98.55%，采用 CARS 特征提取建立的 ELM 模型校正集和交互验证集准确率分别为 97.64% 和 97.24%，测试集和验证集准确率均为 100%，两种方法下 ELM 模型均取得了较好的分类效果。

（三）RF 模型分类结果

通过 RF 模型对提取不同特征的羊肉新鲜度进行分类研究，对随机森林参数 ntree 和 mtry，分别在 1~500 和 1~30 范围内对 ntree 和 mtry 优化选取，根据建模结果最终确定 PCA、CARS 方法下 RF 模型参数 ntree、mtry 分别为 393、1 和 3、8。建模与验证结果如表 7-6 所示。

建立的 RF 模型中，采用 PCA 降维取得了较好的分类效果，校正集、交互验证集、测试集和验证集分类准确率分别为 100%、94.96%、87.50% 和 86.96%，采用 CARS 特征选取建立的 RF 模型校正集与测试集准确率与 PCA 相差不大，但交互验证集准确率偏低。

表 7-6 不同羊肉新鲜度的 RF 模型分类结果

方法	参数		准确率（%）			
	ntree	mtry	校正集	交互验证集	测试集	验证集
PCA	393	1	100（424/424）	94.46	87.50（112/128）	86.96（60/69）
CARS	3	8	100（424/424）	84.65	84.38（108/128）	92.75（64/69）

六、模型比较

根据 PCA、CARS 方法建立的 SVM、ELM 和 RF 分类模型结果，发现 SVM 模型中采用基于 CARS 特征波长选取建立的 PSO-SVM 优化模型效果较优，测试集和验证集分类准确率分别为 95.31% 和 100%，而采用 PCA 降维建立的 SVM 模型测试集准确率较低。对于采用 PCA 降维与 CARS 特征选取建立的 RF 模型，测试集与验证集准确率偏低，模型效果较差，可能由于所用特征参数较少导致模型出现过拟合。相比较 ELM 模型效果最优，采用 PCA 降维和 CARS 特征波长选取均取得了较好的分类效果，模型测试集和验证集准确率分别为 100%、98.55% 和 100%、100%。

每个样品高光谱图像提取 8 条光谱建立的 PLS-DA 和 ELM 模型，二者均能实现羊肉新鲜度的准确判别，ELM 模型分类效果优于 PLS-DA 模型。其中 PLS-DA 是基于全光谱建模，而 ELM 模型是基于 PCA 降维和 CARS 提取特征波长建模，所用变量更少。

第三节 冷却羊肉新鲜度的高光谱图像定性分析检测

一、样本的制备、高光谱采集、测定及新鲜度统计

制备、采集和测定过程同第四章 TVC。实验共获得 135 个样品，利用学生残差—杠杆值法去除 4 个异常样品后，依据细菌总数将新鲜度分为三类（表 7-7）：新鲜 70 个（TVC<5.7 logCFU/g）、次鲜 31 个（5.7<TVC<6.7 logCFU/g）、腐败 30 个（TVC>6.7 logCFU/g），并分别以 1、

2、3 作为样品的新鲜度类别属性。

表 7-7　新鲜度分类统计结果

理化值	样本数（个）	新鲜（个）	次鲜（个）	腐败（个）
TVC	131	70	31	30

二、代表性光谱提取及样本集的划分

利用波段运算、二值化和掩膜法去除图像背景、脂肪、亮点和结缔组织等，获取与实验测定细菌总数值相对应的纯肌肉部分作为感兴趣区域提取代表性平均光谱，由于受到仪器响应及杂散光影响，在 473nm 之前的区域包含有大量噪声信息且部分光谱响应值较低，因此建模光谱区间为 473~1 013nm，所有样品的原始光谱集如图 7-6 所示。

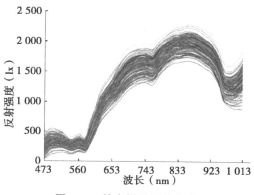

图 7-6　羊肉样品原始光谱

采用 KS 法划分为 98 个校正集样品和 33 个预测集样品，校正集样品用于建立模型，预测集样品用于验证所建模型的准确性，羊肉新鲜度等级划分结果如表 7-8 所示。

表 7-8　不同新鲜度等级的样品集划分结果

样本集	新鲜	次鲜	腐败	总数
校正集	54	23	21	98
预测集	16	8	9	33
总数	70	31	30	131

三、预处理

采集的原始光谱存在光散射、随机噪声等干扰，谱峰之间信息相互掩盖，因此有必要对光谱进行预处理以去除干扰，提高模型预测能力。研究基于 PLS 工具箱建立偏最小二乘判别模型确定最优预处理方法，依据各个类别决定系数 R^2 综合考虑，采用 2 阶导数、9 点 S-G 平滑和中心化相结合的方法对光谱进行预处理。

四、高光谱数据降维

高光谱数据中夹杂大量噪声和共线性信息，严重影响了模型的建模效率和预测精度。逐步回归分析法（SR）是一种基于最优回归方程原则的变量选择方法，分析时根据自变量对因变量作用的显著程度，由大到小地逐个引入回归方程，同时对已有变量进行检验，剔除作用不显著的变量，最终得到一个最优的变量组合。连续投影算法（SPA）是一种简单、快速的特征变量选择方法，基于变量之间的投影分析提取含有最低限度冗余和最小共线性影响的特征变量组，能够最大限度地减少信息重叠。研究利用 SR 和 SPA 分步进行光谱特征筛选，以建立快速准确的羊肉新鲜度预测模型。

样本数据共含有 846 个光谱变量，首先采用 SR 提取得到 64 个特征光谱，占全波段变量数的 7.56%。鉴于 64 个光谱数据点仍然较多，无法明确反映样品内部成分的光学特性，在 SR 特征提取的基础上使用 SPA 进行二次筛选，最终提取得到 9 个特征波长：495.99nm、508.30nm、570.86nm、617.72nm、756.54nm、910.79nm、966.72nm、972.01nm 和 1 011.13 nm，仅占全波段的 1.06%。其中 508nm 和 570nm 附近分别为血红蛋白和氧合肌红蛋白的特征吸收峰，620nm 附近为肌红蛋白特征吸收峰，970nm 和 760nm 与 O–H 键的倍频吸收有关，910nm 可能与蛋白质变性有关。表明经 SR-SPA 二次筛选提取到了与羊肉主要成分相关的特征光谱信息。经 SR-SPA 二次筛选得到的各特征波长分布如图 7-7 所示。

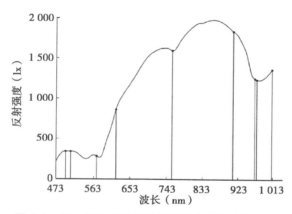

图 7-7　SR-SPA 二次筛选得到的各特征波长分布

五、纹理特征提取

为充分利用高光谱图像的图像信息，采用灰度共生矩阵（GLCM）提取图像纹理特征，GLCM 是一种常用的纹理统计分析方法，通过研究灰度的空间相关特性来描述纹理，反映了图像灰度关于方向、相邻间隔和变化幅度的综合信息。本研究选取 5 个常用的 GLCM 纹理特征参数：对比度（CON）、相关性（COR）、能量（ASM）、同质性（HOM）、熵（ENT）对特征图像进行纹理特征提取。

提取各特征波长图像对比度、相关性、能量、同质性、熵五个纹理参数，因 GLCM 方向不同，取各参数的均值和标准差数据作为纹理特征值，对于 9 个特征图像每个羊肉样品提取共计 90 个变量作为该样品的纹理特征用于建模分析。

每个样本的纹理数据之间存在着一定的相关性，建模时会对模型的稳定性和判别精度有一定的影响。在建模之前，对 90 个纹理变量进行主成分分析，以累计贡献率 90% 为界限将降维变换后的前 4 个主成分信息作为建模的纹理特征。

六、羊肉新鲜度判别模型分析及比较

对采用 SR-SPA 提取的 9 个光谱特征与降维后的 4 个纹理特征进行标准化融合，采用 SVM 分别建立基于单一光谱特征和融合特征的 SVM 羊肉新鲜度等级判别模型，SVM 模型中选用 RBF 高斯径向基核作为 SVM 核函数，采用遗传算法结合 10 折交叉验证法对惩罚因子 C 和 RBF 核参数 g 寻优，遗传算法最大进化代数为 100，种群规模为 20，模型结果如表 7-9 所示。进一步采用 Adaboost-BP 算法建立基于融合特征的羊肉新鲜度等级判别模型，模型结果如表 7-10 所示。

表 7-9　不同羊肉新鲜度等级的 SVM 模型判别结果

特征信息	参数寻优	参数		准确率（%）		
		C	g	校正集	交互验证集	测试集
SR-PCA 光谱特征	GS	5.28	0.06	100	95.52	79.69
	GA	26.07	0.46	100	95.28	81.82
	PSO	3.11	0.10	100	96.23	74.22
SR-PCA 光谱特征 +GLCM 纹理特征	GS	5.28	0.06	100	95.52	78.84
	GA	26.07	0.46	100	95.28	85.32
	PSO	3.11	0.10	100	96.23	76.62

表 7-10　不同羊肉新鲜度等级的 Adaboost-BP 模型判别结果

特征信息	弱分类器个数	网络结构	校正集准确率（%）	测试集准确率（%）
SR-PCA 光谱特征 +GLCM 纹理特征	5	13-8-1	100	88.38

表 7-9 为分别采用单一光谱特征和融合特征的参数优化 SVM 模型

判别结果，可以看出，采用单一光谱特征结合 GS、GA、PSO 建立的 SVM 模型校正集准确率高达 100%，但测试集准确率较低分别为 79.69%、81.82% 和 74.22%，表明模型泛化能力不足。而采用光谱与纹理的融合特征结合各参数寻优方法建立的 SVM 模型均取得比单一光谱特征更好的建模效果，其中 GA-SVM 模型预测效果最优，校正集、测试集准确率分别为 100% 和 81.82%。网格搜索法对应的模型判别准确率较低，原因可能在于网格搜索法是在一定空间范围内遍历网格中所有点来寻找最优参数，而 GA 属于启发式算法，能够搜索到全局最优解。试验表明融合羊肉内部光谱特征与外部纹理特征可以获取更全面的表征羊肉新鲜度的相关信息，克服了机理分析时单一特征信息不足的局限性从而提高模型检测精度。

分析表 7-9 和表 7-10 模型预测结果，将光谱与纹理特征进行融合，结合 Adaboost-BP 算法建立的真空包装冷却羊肉新鲜度等级判别模型表现出最优的性能，校正集与测试集准确率分别为 100% 和 88.38%，相比单一光谱建立的 SVM 模型准确率提升了约 7%，模型的预测能力和稳定性要明显优于单一利用光谱特征所建立的 SVM 模型。且采用融合特征建立的 Adaboost-BP 模型效果优于 SVM 建模效果，表明了 Adaboost-BP 集成分类算法的优越性。

第八章　结论与展望

第一节　结论

本研究以具有地域特色的新疆羊肉为研究对象，利用近红外光谱和高光谱图像等光学快速检测技术和化学计量学方法对储藏过程中羊肉的pH 值、细菌总数（TVC）、挥发性盐基氮（TVB-N）、颜色和新鲜度等储藏品质指标进行检测，建立储藏过程中各羊肉品质指标的定量和定性分析模型并揭示其机理。在建模过程中，对不同样本集划分方法、不同光谱预处理方法、不同 ROIs 获取方法、不同特征波段提取方法和多种建模方法的效果进行了比较分析，得出结论如下。

一、羊肉 pH 值的光学定量分析检测

（一）近红外光谱技术对真空包装冷却羊肉 pH 值的定量分析

本研究比较分析不同预处理方法对 PLSR 模型效果的影响，得其最佳光谱预处理方法为 1 阶导+15 点 S-G 平滑+中心化的组合。再比较分析不同波段所建模型效果，发现经 GA-SPA 方法提取的 15 个特征波长建立的 MLR 模型效果最优，相关系数 R_c、R_{cv}、R_p 分别为 0.92、0.89 和 0.91，均方根误差 RMSEC、RMSECV 和 RMSEP 分别为 0.13、0.15、0.13。

（二）高光谱图像技术对非真空包装冷却羊肉 pH 值的定量分析

本研究对比分析了"图像分割法"和"矩形区域法"两种不同 ROIs 方法的选取对冷却羊肉 pH 值模型的影响研究。最优的模型为"图像分割法"提取的 ROIs 光谱信息建立的 PLSR 回归分析模型，其

LVs 为 12，经对比分析得出 CARS 筛选的 28 个波长点建立的 PLSR 模型效果最优，其校正集相关系数和均方根误差分别为 0.96 和 0.033，预测集相关系数和均方根误差分别为 0.96 和 0.053，并基于 CARS-PLS 回归分析模型建立可视化分布图。

（三）高光谱图像技术对真空包装的冷却羊肉 pH 值进行定量分析

本研究得出最优预处理方法为二阶导数+23 点 S-G 平滑+多元散射校正+中心化处理。分别采用不同方法进行特征波段筛选，比较分析了不同波段选择模型效果，得出经 CARS 筛选的 47 个波长点建立的 PLSR 模型效果最优。得出 LVs 为 13，Rc、Rcv 和 Rp 分别为 0.98、0.96 和 0.98，RMSEC、RMSECV 和 RMSEP 分别为 0.062、0.089 和 0.068，预测 RPD 为 4.88。并基于 CARS-PLS 回归分析模型建立可视化分布图。

二、羊肉细菌总数（TVC）的高光谱图像定量分析检测

本研究得出最优预处理方法为二阶导数+13 点 S-G 平滑+中心化处理，CARS 筛选的 70 波长点建立的 PLSR 模型效果最优。其最优的 LVs 为 13，Rc 和 RMSEC 分别为 0.98 和 0.29，Rcv 和差 RMSECV 分别为 0.96 和 0.46，Rp 和 RMSEP 分别为 0.96 和 0.47，RPD 为 3.58。并基于 CARS-PLS 回归分析模型建立可视化分布图。

三、羊肉挥发性盐基氮（TVB-N）的高光谱图像定量分析检测

（一）基于全波段 TVB-N 的高光谱图像定量分析检测

本研究通过选择感兴趣区域提取样品的漫反射光谱，最优预处理方法为 MSC+15 点 2 次 S-G 平滑+1 阶导数+中心化相结合，选择的潜变量因子数为 11，获得的校正集的相关系数和校正标准差分别为 0.92 和 3.00mg/100g，预测集的相关系数、标准差和相对分析误差分别为 0.92、3.46mg/100g 和 2.42。

（二）基于特征波段 TVB-N 的高光谱图像定量分析检测

本研究采用图像分割法获取羊肉样品纯肌肉区域的 ROIs，对其中 54 个样品的像素点依序各提取 10 条光谱，去除异常值后共得到 512 条

光谱组成校正集和预测集，另外用所有 68 个样品的 ROIs 平均光谱组成了半独立验证集，获得具有 12 个光谱特征变量的最佳简化模型 CARS-SR-MLR，其 RMSEC、RMSECV、RMSEP 和 RMSESIP 分别为 3.64、3.77、3.91 和 4.12，R_C、R_{CV}、R_P 和 R_{SIV} 分别为 0.90、0.89、0.88 和 0.87。利用最优模型实现羊肉 TVB-N 可视化分布。

四、羊肉颜色参数的光学定量分析检测

（一）近红外光谱技术对真空包装冷却羊肉颜色的定量分析

本研究的最佳预处理方法为 1 阶导（1D）+17 点 S-G 平滑+数值中心化（MC）的组合。分别采用不同方法提取特征波长建立不同模型，得 GA-SPA 提取的 18 个特征变量建立的 MLR 模型效果总体最优，相关系数 R_C、R_{CV}、R_P 分别为 0.95、0.93 和 0.91，RMSEC、RMSECV 和 RMSEP 分别为 1.36、1.62 和 1.91。

（二）高光谱图像技术对真空包装冷却羊肉颜色的定量分析

本章节利用不同样本集划分方法对所建模型效果的分析，得到了 L^*、a^* 和 b^* 的最优样本集划分方法为 SPXY 法、隔三选一和 SPXY 法；利用不同预处理方法分析，得到了 L^*、a^* 和 b^* 的最优光谱预处理方法为 2D+17 点 S-G 平滑的组合、17 点 S-G 平滑+2D+M+SNV，和 17 点 SG 平滑+2D+SNV；L^*、a^* 和 b^* 所建模型的校正集相关系数和均方根误差分别为 0.98、0.81、0.93、0.56、0.81 和 1.03，预测集相关系数和均方根误差分别为 0.98、0.99、0.81、0.89、0.97 和 1.98；使用 GA 选取特征波长建立的 PLSR 模型的 L^*、a^*、b^*，R_C 分别为 0.98、0.93 和 0.81，RMSEC 分别为 0.86、0.55 和 1.02，R_P 分别为 0.98、0.87 和 0.81，RMSEP 分别为 0.98、0.73 和 1.04。

五、羊肉新鲜度的高光谱图像定性分析检测

（一）热鲜羊肉新鲜度的高光谱图像定性分析检测

以 TVB-N 作为新鲜度分级指标，对每个样品高光谱图像纯肌肉区域像素点提取 8 条光谱建立的 PLS-DA 模型，并在提取 8 条光谱的基础上利用不同特征提取方法结合参数优化方法建立不同新鲜度判别模型，

研究发现基于 PCA、CARS 建立的 ELM 模型效果均最优，测试集和验证集准确率分别为 100%、98.55% 和 100%、100%。

（二）冷却羊肉新鲜度的高光谱图像定性分析检测

以细菌总数作为新鲜度分级指标，充分利用高光谱图像"图谱合一"的特点，获取样品纯肌肉部分并提取代表性羊肉光谱，采用 2 阶导数+9 点 S-G 平滑+中心化相结合的方法对光谱进行预处理，利用逐步回归算法结合连续投影算法提取样品 9 个特征光谱，并对特征图像提取 4 个纹理特征。结果表明，采用 Adaboost-BP 算法建立校正集与测试集模型准确率分别为 100% 和 88.38%。

第二节　展望

在完成了前期的研究之后，还有以下几个方面可以作更进一步的探究：

本研究开展了基于光学快速检测技术的羊肉储藏品质静态检测并取得了较好的成果，可以此为基础搭建羊肉储藏品质光学快速检测平台，探索并解决制约其推广使用的关键技术，推进光学快速检测技术的发展。

本研究中所用样品均来自新疆且均为羊的背脊肉，为了使所建系统更加准确稳健且具有通用性，可以通过增加不同产地、品种和不同部位的羊肉及不同的羊肉品质评价指标建立羊肉光学快速检测模型库，以扩大研究成果的实用性。

本研究中仅获取了羊肉短波可见高光谱图像和长波近红外光谱等信息开展储藏品质的特征提取和建模研究，为了增加检测模型精度，可以另外获取紫外图像、CCD 相机等光学信息进一步进行特征提取及融合研究，提取更多能反映畜肉特性的特征信息建立模型来提高模型的准确性和可靠性。

参考文献

陈全胜，张燕华，万新民，等.2010. 基于高光谱成像技术的猪肉嫩度检测研究［J］. 光学学报（9）：2 602-2 607.

陈伟华，许长华，樊玉霞，等.2014. 近红外光谱技术快速无损评价罗非鱼片新鲜度［J］. 食品科学，35（24）：164-168.

段宏伟，朱荣光，王龙，等.2016. 感兴趣区域对羊肉 pH 高光谱检测模型的影响研究［J］. 光谱学与光谱分析，36（04）：1 145-1 149.

段宏伟，朱荣光，许卫东，等.2017. 基于 GA 和 CARS 的真空包装冷却羊肉细菌菌落总数高光谱检测［J］. 光谱学与光谱分析，37（03）：847-852.

谷芳，曾智伟，郭康权，等.2013. 基于近红外光谱的猪肉细菌菌落总数的动力学模型［J］. 中国农业大学学报，18（3）：152-156.

郭中华，郑彩英，金灵.2014. 基于近红外高光谱成像的冷鲜羊肉表面细菌总数检测［J］. 食品工业科技，35（20）：66-68.

黄伟，杨秀娟，曹志勇，等.2016. 应用近红外光谱检测滇南小耳猪肉化学组分含量［J］. 云南农业大学学报，31（2）：303-309.

李赛.2012. 基于高光谱成像技术的羊肉嫩度检测研究［D］. 银川：宁夏大学.

李志刚，贾策，王晓闻，等.2016. 牛肉质构特性的近红外光谱无损检测［J］. 农业工程学报，32（16）：286-292.

廖宜涛，樊玉霞，伍学千，等.2010. 猪肉肌内脂肪含量的可见／近

红外光谱在线检测 [J]. 农业机械学报，41（9）：104-107.

刘功明，孙京新，李鹏，等. 2016. 近红外光谱法检测鸡、鱼肉加热终点温度 [J]. 中国农业科学，49（1）：155-162.

刘娇，李小昱，金瑞，等. 2015. 不同品种冷鲜猪肉 pH 值高光谱检测模型的传递方法研究 [J]. 光谱学与光谱分析，35（7）：1 973-1 979.

刘善梅，李小昱，钟雄斌，等. 2013. 基于高光谱成像技术的生鲜猪肉含水率无损检测 [J]. 农业机械学报，44（z1）：165-170.

刘晓晔. 2012. 基于近红外光谱技术的牛肉在线分级及分类初探 [D]. 北京：中国农业科学院.

孟宪江，张铁强，白英奎，等. 2004. 利用 BP 神经网络光谱分类法研究肉品新鲜度 [J]. 光谱实验室，21（5）：970-973.

闵顺耕，李宁，张明祥. 2004. 近红外光谱分析中异常值的判别与定量模型优化 [J]. 光谱学与光谱分析，24（10）：1 205-1 209.

思振华，何建国，刘贵珊，等. 2013. 基于高光谱图像技术羊肉表面污染无损检测 [J]. 食品与机械（5）：75-79.

宋育霖，彭彦昆，陶斐斐，等. 2012. 生鲜猪肉细菌总数的高光谱特征参数研究 [J]. 食品安全质量检测学报（6）：595-599.

孙啸，逄滨，刘德营，等. 2013. 基于高光谱图像光谱信息的牛肉大理石花纹分割 [J]. 农业机械学报，44（z1）：177-181.

唐晓阳. 2010. 冷却猪肉的货架期预测模型 [D]. 上海：上海海洋大学.

陶斐斐，王伟，李永玉，等. 2010. 冷却猪肉表面菌落总数的快速无损检测方法研究 [J]. 光谱学与光谱分析，30（12）：3 405-3 409.

田海清，王春光，张海军，等. 2012. 蜜瓜品质光谱检测中异常建模样品的综合评判 [J]. 光谱学与光谱分析，32（11）：2 987-2 991.

王辉，田寒友，张顺亮，等. 2016. 基于中波近红外光谱定量分析

生鲜牛肉胆固醇 [J]. 食品科学, 37 (24): 185-189.

王家云, 王松磊, 贺晓光, 等. 2014. 基于 NIR 高光谱成像技术的滩羊肉内部品质无损检测 [J]. 现代食品科技, 30 (6): 257-262.

王家云. 2015. 基于光谱图像信息融合技术的滩羊肉嫩度无损检测研究 [D]. 银川: 宁夏大学.

王莉, 马天兰, 贺晓光, 等. 2017. 基于高光谱成像的滩羊肉菌落总数和挥发性盐基氮的无损检测 [J]. 食品工业科技, 38 (22): 235-241.

王婉娇, 王松磊, 贺晓光, 等. 2015. NIR 高光谱成像技术检测冷鲜羊肉嫩度 [J]. 食品工业科技 (20): 77-79.

王婉娇, 王松磊, 贺晓光, 等. 2015. 冷鲜羊肉冷藏时间和水分含量的高光谱无损检测 [J]. 食品科学, 36 (16): 112-116.

王伟, 彭彦昆, 张晓莉. 2010. 基于高光谱成像的生鲜猪肉细菌总数预测建模方法研究 [J]. 光谱学与光谱分析, 30 (02): 411-415.

王文秀, 彭彦昆, 徐田锋, 等. 2016. 双波段光谱融合的猪肉多品质参数同时检测方法研究 [J]. 光谱学与光谱分析 (12): 4001-4005.

王正伟, 王家云, 王松磊, 等. 2015. 基于 VIS/NIR 高光谱成像技术检测鸡肉嫩度 [J]. 食品科技 (11): 270-274.

吴建虎, 彭彦昆, 陈菁菁, 等. 2010. 基于高光谱散射特征的牛肉品质参数的预测研究 [J]. 光谱学与光谱分析, 30 (7): 1 815-1 819.

吴建虎, 彭彦昆, 高晓东, 等. 2009. 基于 VIS/NIR 高光谱散射特征预测牛肉的嫩度 [J]. 食品安全质量检测技术 (1): 20-26.

吴建虎, 彭彦昆, 江发潮, 等. 2009. 牛肉嫩度的高光谱法检测技术 [J]. 农业机械学报 (12): 135-138.

肖虹, 谢晶. 2009. 不同贮藏温度下冷却肉品质变化的实验研究 [J]. 制冷学报, 30 (3): 40-45.

徐文杰，洪响声，熊善柏．2014．近红外光谱技术分析草鱼的质构特性［J］．现代食品科技（4）：136-141．

杨东，陆安祥，王纪华．2017．高光谱成像技术定量可视化检测熟牛肉中挥发性盐基氮的含量［J］．现代食品科技，33（09）：257-264．

杨勇，王殿友，杨庆余，等．2014．近红外光谱技术快速测定鹅肉新鲜度［J］．食品科学，35（24）：239-242．

袁建清，苏中滨，贾银江，等．2016．基于高光谱成像的寒地水稻叶瘟病与缺氮识别［J］．农业工程学报，32（13）：155-160．

张雷蕾，李永玉，彭彦昆，等．2012．基于高光谱成像技术的猪肉新鲜度评价［J］．农业工程学报，28（7）：254-259．

赵杰文，惠喆，黄林，等．2013．高光谱成像技术检测鸡肉中挥发性盐基氮含量［J］．激光与光电子学进展，50（7）：154-160．

赵杰文，惠喆，黄林，等．2013．高光谱成像技术检测鸡肉中挥发性盐基氮含量［J］．激光与光电子学进展，07：158-164．

赵娟，彭彦昆．2015．基于高光谱图像纹理特征的牛肉嫩度分布评价［J］．农业工程学报（7）：279-286．

赵文英，花锦，张梨花，等．2017．近红外光谱测定不同新鲜肉肉糜中蛋白质含量［J］．食品与机械，33（1）：48-51．

郑彩英，郭中华，金灵．2015．高光谱成像技术检测冷却羊肉表面细菌总数［J］．激光技术，02：284-288．

郑晓春，李永玉，彭彦昆，等．2016．基于可见/近红外光谱的牛肉品质无损检测系统改进［J］．农业机械学报，47（S1）：332-339．

中国国家标准化管理委员会．2003．GB/T 5009.44—2003．肉与肉制品卫生标准的分析方法［S］．北京：中国标准出版社．

周令国，祝义伟，肖琳，等．2013．傅立叶近红外光谱法快速测定腊肉中亚硝酸盐［J］．食品研究与开发（17）：89-91．

朱启兵，肖盼，黄敏，等．2015．基于特征融合的猪肉新鲜度高光谱图像检测［J］．食品与生物技术学报，34（3）：246-252．

朱荣光，姚雪东，高广娣，等.2013.不同储存时间和取样部位牛肉颜色的高光谱图像检测 [J].农业机械学报，44（7）：165-169.

祝诗平，王一鸣，张小超，等.2004.近红外光谱建模异常样品剔除准则与方法 [J].农业机械学报，35（4）：115-119.

邹昊，田寒友，刘飞，等.2016.近红外光谱的预处理对羊肉 TVB-N 模型的影响 [J].食品科学，37（22）：180-186.

邹昊，田寒友，刘飞，等.2016.应用近红外技术快速预判生猪血液指标及劣质肉 [J].肉类研究，30（4）：41-45.

邹小波，李志华，石吉勇等.2014.高光谱成像技术检测肴肉新鲜度 [J].食品科学，08：89-93.

Alamprese C，Fongaro L，Casiraghi E. 2016. Effect of fresh pork meat conditioning on quality characteristics of salami [J]. Meat Science, 119：193-198.

Andrés S，Silva A，Soares-Pereira A L，et al. 2008. The use of visible and near infrared reflectance spectroscopy to predict beef M. longissimus thoracis et lumborum quality attributes [J]. Meat Science, 78（3）：217-24.

Barbin D F，Eimasry G，Sun Da-wen，et al. 2013. Non-destructive assessment of microbial contamination in porcine meat using NIR hyperspectral imaging [J]. Innovative Food Science and Emerging Technologies, 17：180-191.

Barbin D F，Elmasry G，Sun D W，et al. 2013. Non-destructive assessment of microbial contamination in porcine meat using NIR hyperspectralimaging [J]. Innovative Food Science & Emerging Technologies, 17（17）：180-191.

Barbin D F，ElMasry G，Sun D W，et al. 2013. Non-destructive determination of chemical composition in intact and minced pork using near-infrared hyperspectralimaging [J]. Food chemistry, 138（2）：1 162-1 171.

Barbin D F, Elmasry G, Sun D W, et al. 2012. Predicting quality and sensory attributes of pork using near-infrared hyperspectral imaging [J]. Analytica Chimica Acta, 719 (6): 30-42.

Barbin D, Elmasry G, Sun D W, et al. 2012. Near-infrared hyperspectral imaging for grading and classification ofpork [J]. Meat Science, 90 (1): 259-268.

Chen Quansheng, Zhao Jiewen, Liu Muhua, et al. 2008. Determination of total polyphenols content in green tea using FT NIR spectroscopy and different PLSalgorithms [J]. Journal of Pharmaceutical and Biomedical Analysis (46): 568-573.

Cheng J H, Sun D W, Zeng X A, et al. 2014. Non-destructive and rapid determination of TVB-N content for freshness evaluation of grass carp (Ctenopharyngodon idella) by hyperspectral imaging [J].Innovative Food Science & Emerging Technologies, 21 (4): 179-187.

Cho B K, Chen Y R, Kim M S. 2007. Multispectral detection of organic residues on poultry processing plant equipment based on hyperspectral reflectance imaging technique [J]. Computers and Electronics in Agriculture, 57 (2): 177-189.

Cluff K, Naganathan G K, Subbiah J, et al. 2008. Optical scattering in beef steak to predict tenderness using hyperspectral imaging in the VIS-NIR region [J]. Sensing & Instrumentation for Food Quality & Safety, 2 (3): 189-196.

Dai Q, Cheng J H, Sun D W, et al. 2015. Potential of visible/near-infrared hyperspectral imaging for rapid detection of freshness in unfrozen and frozenprawns [J]. Journal of Food Engineering, 149: 97-104.

De Marchi M. 2013. On-line prediction of beef quality traits using near infrared spectroscopy [J]. Meat Science, 94 (4): 455-460.

Dixit Y, Casado-Gavalda M P, Cama-Moncunill R, et al. 2016. Multipoint NIR spectrometry and collimated light for predicting the composition of meat samples with high standoffdistances [J]. Journal of Food Engineering, 175 (7): 58–64.

Eimasry G, Sun Dawen, Allen P. 2012. Near－infrared hyperspectral imaging for predicting colour, pH and tenderness of fresh beef [J]. Journal of Food Engineering, 110: 127–140.

Elmasry G, Sun D W, Allen P. 2013. Chemical－free assessment and mapping of major constituents in beef using hyperspectralimaging [J].Journal of Food Engineering, 117 (2): 235–246.

Elmasry G, Sun D W, Allen P. 2011. Non－destructive determination of water－holding capacity in fresh beef by using NIR hyperspectral imaging [J]. Food Research International, 44 (9): 2 624–2 633.

He H J, Sun D W, Wu D. 2014. Rapid and real－time prediction of lactic acid bacteria (LAB) in farmed salmon flesh using near－infrared (NIR) hyperspectral imaging combined with chemometric analysis [J]. Food Research International, 62 (8): 476–483.

He H J, Wu D, Sun D W. 2013. Non－destructive and rapid analysis of moisture distribution in farmed Atlantic salmon (Salmo salar) fillets using visible and near－infrared hyperspectral imaging [J].Innovative Food Science & Emerging Technologies, 18 (2): 237–245.

He H J, Wu D, Sun D W. 2013. Non－destructive and rapid analysis of moisture distribution in farmed Atlantic salmon (Salmo salar) fillets using visible and near－infrared hyperspectral imaging [J].Innovative Food Science & Emerging Technologies, 18 (2): 237–245.

Huang L, Zhao J, Chen Q, et al. 2013. Rapid detection of total viable count (TVC) in pork meat by hyperspectral imaging [J]. Food Research International, 54 (1): 821–828.

Iqbal A, Sun D W, Allen P. 2013. Prediction of moisture, color and pH in cooked, pre－sliced turkey hams by NIR hyperspectral imaging- system [J]. Journal of Food Engineering, 117 (1): 42–51.

Jackman P, Sun D W, Allen P. 2009. Automatic segmentation of beef longissimus dorsi muscle and marbling by an adaptablealgorithm [J]. Meat Science, 83 (2): 187-194.

Kamruzzaman M, Elmasry G, Sun D W, et al. 2011. Application of NIR hyperspectral imaging for discrimination of lambmuscles [J]. Journal of Food Engineering, 104 (3): 332-340.

Kamruzzaman M, Elmasry G, Sun D W, et al. 2013. Non-destructive assessment of instrumental and sensory tenderness of lamb meat using NIR hyperspectral imaging [J]. Food Chemistry, 141 (1): 389-396.

Kamruzzaman M, Elmasry G, Sun D W, et al. 2012. Non-destructive prediction and visualization ofchemical composition in lamb meat using NIR hyperspectral imaging and multivariate regression [J].Innovative Food Science & Emerging Technologies, 16 (39): 218-226.

Kamruzzaman M, Elmasry G, Sun D W, et al. 2012. Prediction of some quality attributes of lamb meat using near-infrared hyperspectral imaging and multivariateanalysis [J]. Analytica Chimica Acta, 714 (3): 57-67.

Kapper C, Klont R E, Verdonk J M A J, et al. 2012. Prediction of pork quality with near infrared spectroscopy (NIRS): 1. Feasibility and robustness of NIRS measurements at laboratory scale [J]. Meat science, 91 (3): 294-299.

Karoui R, De Baerdemaeker J. 2007. A review of the analytical methods coupled with chemometric tools for the determination of the quality and identity of dairyproducts [J]. Food Chemistry, 102 (3): 621-640.

Li H, Kutsanedzie F, Zhao J, et al. 2016. Quantifying Total Viable Count in Pork Meat Using Combined Hyperspectral Imaging and Artificial OlfactionTechniques [J]. Food Analytical Methods, 9 (11): 3 015-3 024.

Li S, Wu H, Wan D, et al. 2011. An effective feature selection method for hyperspectral image classification based on genetic algorithm and support vectormachine [J]. Knowledge – Based Systems, 24 (1): 40-48.

Liu D, Pu H, Sun D W, et al. 2014. Combination of spectra and texture data of hyperspectral imaging for prediction of pH in saltedmeat [J]. Food Chemistry, 160 (10): 330-337.

Liu D, Qu J, Sun D W, et al. 2013. Non-destructive prediction of salt contents and water activity of porcine meat slices by hyperspectral imaging in a saltingprocess [J]. Innovative Food Science & Emerging Technologies, 20 (4): 316-323.

Liu D, Sun D W, Qu J, et al. 2014. Feasibility of using hyperspectral imaging to predict moisture content of porcine meat during salting process [J]. Food chemistry, 152: 197-204.

Liu L, Ngadi M O, Prasher S O, et al. 2010. Categorization of pork quality using Gabor filter – based hyperspectral imaging technology [J]. Journal of Food Engineering, 99: 284-293.

Ma J, Sun D W, Pu H. 2016. Model improvement for predicting moisture content (MC) in pork longissimus dorsi, muscles under diverse processing conditions by hyperspectralimaging [J]. Journal of Food Engineering, 196: 65-72.

Mourot B P, Gruffat D, Durand D, et al. 2015. Breeds and muscle types modulate performance ofnear – infrared reflectance spectroscopy to predict the fatty acid composition of bovine meat [J]. Meat Science, 99 (99): 104-112.

Naganathan G K, Grimes L M, Subbiah J, et al. 2008. Partial least squares analysis of near-infrared hyperspectral images for beef tendernessprediction [J]. Sensing & Instrumentation for Food Quality & Safety, 2 (3): 178-188.

Peng Y, Zhang J, Wang W, et al. 2011. Potential prediction of the microbial spoilage of beef using spatially resolved hyperspectral scattering profiles [J]. Journal of Food Engineering, 102 (2): 163-169.

Prieto N, Roehe R, Lavín P, et al. 2009. Application of near infrared reflectance spectroscopy to predict meat and meat products quality: Areview [J]. Meat Science, 83 (2): 175.

Pu H, Xie A, Sun D W, et al. 2014. Application of Wavelet Analysis to Spectral Data for Categorization of LambMuscles [J]. Food & Bioprocess Technology, 8 (1): 1-16.

Pu H, Kamruzzaman M, Sun D W. 2015. Selection of feature wavelengths for developing multispectral imaging systems for quality, safety and authenticity of muscle foods - areview [J]. Trends in Food Science & Technology, 45 (1): 86-104.

Pu H, Kamruzzaman M, Sun D W. 2015. Selection of feature wavelengths for developing multispectral imaging systems for quality, safety and authenticity of muscle foods - areview [J]. Trends in Food Science & Technology, 45 (1): 86-104.

Qiao J, Ngadi M O, Wang N, et al. 2007. Pork quality and marbling level assessment using a hyperspectral imaging system [J]. Journal of Food Engineering, 83 (1): 10-16.

Qiao J, Wang N, Ngadi M O, et al. 2007. Prediction of drip - loss, pH, and color for pork using a hyperspectral imaging technique [J]. Meat Science, 76 (1): 1-8.

Qiao T, Ren J, Craigie C, et al. 2015. Quantitative Prediction of Beef Quality Using Visible and NIR Spectroscopy with Large Data Samples Under Industry Conditions [J]. Journal of Applied Spectroscopy, 82 (1): 137-144.

Lletí R, Meléndez E, Ortiz M C, et al. 2005. Outliers in partial least squaresregression : Application to calibration of wine grade with mean infrared data [J]. Analytica Chimica Acta, 544 (s 1-2): 60-70.

Reis M M, Martínez E, Saitua E, et al. 2017. Non-invasive differentiation between fresh and frozen/thawed tuna fillets using near infrared spectroscopy (Vis−NIRS) [J]. LWT − Food Science and Technology, 78: 129−137.

Sheridan C, O' Farrell M, Lewis E, et al. 2007. A comparison of CIE $L^*a^*b^*$ and spectral methods for the analysis of fading in sliced cured ham [J]. Journal of Optics A Pure & Applied Optics, 9 (6): S32−S39.

Sivertsen A H, Kimiya T, Heia K. 2011. Automatic freshness assessment of cod (Gadus morhua) fillets by Vis/Nir spectroscopy [J]. Journal of Food Engineering, 103 (3): 317−323.

Teixeira A, Oliveira A, Paulos K, et al. 2015. An approach to predict chemical composition of goat Longissimus thoracis et lumborum muscle by Near Infrared Reflectancespectroscopy [J]. Small Ruminant Research, 126: 40−43.

Viljoen M, Hoffman LC, Brand T S. 2007. Prediction of the chemical composition of mutton with near infrared reflectancespectroscopy [J]. Small Ruminant Research, 69 (1): 88−94.

Wang F R, Jin L S, Zhang T Q, et al. 2013. Research on meat species and freshness identification method based on spectral characteristics [J]. Optik − International Journal for Light and Electron Optics, 124 (23): 5 952−5 955.

Wang W, Peng Y, Sun H, et al. 2016. Development of simultaneous detection device for multi−quality parameters of meat based on Vis/NIRspectroscopy [J]. Transactions of the Chinese Society of Agricultural Engineering, 32 (23): 290−296.

Wu D, Wang S, Wang N, et al. 2013. Application of Time Series Hyperspectral Imaging (TS−HSI) for Determining Water Distribution Within Beef and Spectral Kinetic Analysis During Dehydration [J]. Food & Bioprocess Technology, 6 (11): 2 943−2 958.

Wu Di, Sun Dawen, He Yong. 2012. Application of long−wave near infrared hyperspectral imaging for measurement of color distribution in salmon fillet [J]. Innovative Food Science and Emerging Technologies, 16: 361-372.

Wu J, Peng Y, Li Y, et al. 2012. Prediction of beef quality attributes using VIS/NIR hyperspectral scattering imagingtechnique [J]. Journal of Food Engineering, 109 (2): 267-273.

Wu J, Peng Y, Li Y, et al. 2012. Prediction of beef quality attributes using VIS/NIR hyperspectral scattering imagingtechnique [J]. Journal of Food Engineering, 109 (2): 267-273.

Wu D, He Y, Feng S. 2008. Short-wave near-infrared spectroscopy analysis of major compounds inmilk powder and wavelength assignment [J]. Analytica Chimica Acta, 610 (2): 232-242.

Yao H, Tian L. 2003. A genetic-algorithm-based selective principal component analysis (GA-SPCA) method for high-dimensional data feature extraction [J]. IEEE Transactions on Geoscience and Remote Sensing, 41 (6): 1 469-1 478.

Zhu F, Zhang D, He Y, et al. 2013. Application of Visible and Near Infrared Hyperspectral Imaging to Differentiate Between Fresh and Frozen - Thawed Fish Fillets [J]. Food & Bioprocess Technology, 6 (10): 2 931-2 937.

Zou X, Zhao J, Huang X, et al. 2007. Use of FT-NIR spectrometry in non-invasive measurements of soluble solid contents (SSC) of "Fuji" apple based on different PLSmodels [J]. Chemometrics & Intelligent Laboratory Systems, 87 (1): 43-51.